世界遺産シリーズ

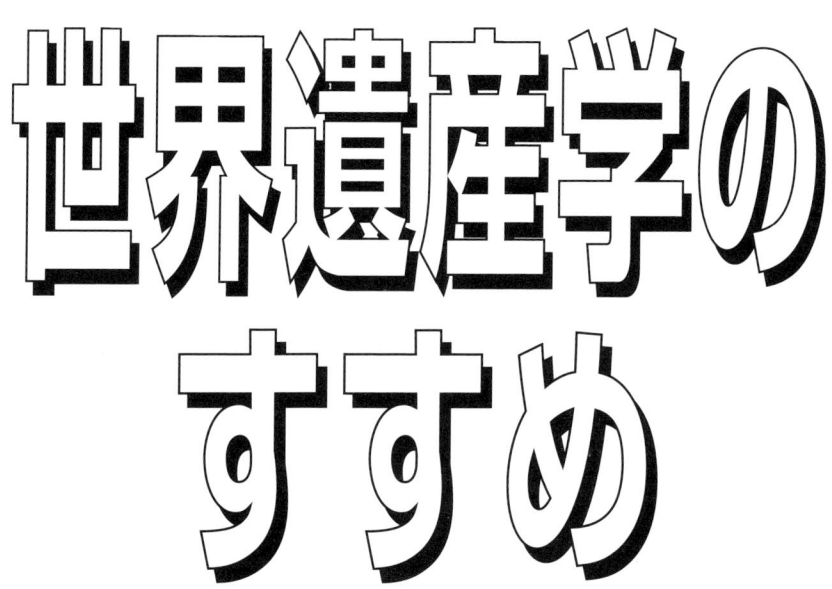

世界遺産学のすすめ

― 世界遺産が地域を拓く ―

《目　次》

■世界遺産とは何か　－理念・歴史と日本の関わり－　5
　　世界遺産の理念　6
　　世界遺産の歴史　6
　　世界遺産の意義　7
　　世界遺産と日本の関わり　9
　　世界遺産の課題と展望　10

■世界遺産の多様性と文化的景観　－自然環境と人間の営み－　17
　　はじめに　18
　　世界遺産の多様性　18
　　文化の多様性　19
　　文化的景観　19
　　自然環境と人間の営み　20
　　わが国の文化的景観　23
　　重要文化的景観　23
　　かけがえのない日本の原風景を未来に　24
　　富士山や瀬戸内海地域の文化的景観を世界遺産に！　24
　　おわりに　24

■世界遺産と鉄道遺産　35
　　世界遺産　36
　　千年祭地下鉄　36
　　センメリング鉄道　38
　　ダージリン・ヒマラヤ鉄道　38
　　そのほかの鉄道遺産　39
　　日本の鉄道遺産　39

■北東アジア地域の世界遺産を通じた観光交流を考える　43
　　はじめに　44
　　世界遺産とは　44
　　北東アジアの世界遺産の現状　44
　　北東アジアの世界遺産の今後　45
　　多様化する世界遺産　46
　　世界遺産と観光　46
　　世界遺産を取り巻く観光の脅威　46
　　北東アジアの世界遺産を通じた観光交流を考える　47
　　北東アジアの持続可能な観光の発展と観光交流圏の形成に向けて　48

■世界遺産と国立公園　53
　　はじめに　54
　　ユネスコの世界遺産について　54
　　世界遺産と国立公園について　54
　　中国の世界遺産について　56
　　世界遺産の抱える問題と課題について　56
　　人類共通の世界遺産の保存と活用について　57
　　新たなパラダイムを求めて　58
　　おわりに　59

■世界遺産大国への予感　63

目 次

■ウズベキスタン「ボイスン地方の文化空間」を訪ねて 73
  はじめに 74
  「人類の口承及び無形遺産の傑作」 74
  独自の伝統文化を築いたボイスン地方 74
  野外民俗芸能フェスティバル「ボイスン・バホリ」 75
  異文化が交流する文明の空間、そして、国際平和の空間に 76

■知床・世界遺産への道 81
  Q1～Q8 82
  日本における世界遺産条約締約後の自然遺産関係の主な動き 91
  世界遺産登録の登録要件 92
  顕著な普遍的価値 92
  IUCNの評価手続き 93
  IUCNの評価レポートの項目 93
  「知床の世界遺産登録に関するIUCNから環境省への照会」に関する私見について 94
  知床・世界遺産登録実現に向けてのエール 96
  知床・世界遺産への道―人間と生物との持続可能な共存・共生― 98

■出羽三山・世界遺産への道 103
  出羽三山・世界遺産プロジェクトへの指針 104
    「世界遺産」とは 104
    出羽三山の登録の可能性 104
    もう一つの広域的な視点 104
    新しい要素「文化的景観」 105
    世界遺産の意義と波及効果 105
    世界遺産への道程 105
    世界遺産へのプロセスは「まちづくり」「地域づくり」 106
    質疑応答 106
  「出羽三山と周辺地域の世界遺産登録」を目指して～出羽三山と庄内平野の文化的景観～ 108
    「文化的景観」という概念 108
    出羽三山と庄内平野の文化的景観 108
    今後の取り組みについて 108
    世界遺産化の本当の意味 109
    山形県の動き 109
  民間の山岳信仰文化が育んだ出羽三山等の文化財と風土 111

■瀬戸内海国立公園の美しい景観をユネスコの世界遺産に 113
  瀬戸内海国立公園指定70周年に寄せて 114
  ユネスコの世界遺産と多様化する世界遺産 114
  瀬戸内海国立公園の一体的な景観保護を 114
  瀬戸内海国立公園の美しい景観をユネスコの世界遺産に 115

■文明への道―時空を超えて― 117

＜資料・写真　提供＞

ICC DURBAN, Republique Togolaise Ministre de la Culture／Dr. Angele Dola Aguigah, エジプト大使館エジプト学・観光局、オマーン大使館、オマーン情報省、Ross Hayden,Salalah, Sultanate of Oman, Ministry of Tourism:BEIRUT、ウズベキスタン共和国大使館、ユネスコ・タシケント事務所、インド大使館、在大阪印度総領事館、インド政府観光局、フィリピン政府観光省、フィリピン政府観光省大阪事務所、Mongonian National Commission for UNESCO, Mongolian Tourism Board, 朝鮮新報社／朴日粉氏、中国国家旅遊局、中国国際旅行社（CITS JAPAN）、マカオ観光局、フランス政府観光局、スペイン政府観光局、MINISTERIO DE COMERCIO Y TURISMO、ドイツ観光局、Rhein-Touristik Tal der Loreley／Claudia Schwarz, Rhineland-Palatinate Tourism Board／Katrin Schneider、オーストリア政府観光局、ハンガリー共和国大使館、ハンガリー政府観光局、THE HUNGARIEN NATIONAL TOURIST OFFICE、ハンガリー・ツーリスト・オフィス、地下鉄博物館、Tokaj. hu. Kft.、キューバ大使館、Cubanacan,S.A、斜里町観光協会、山形県、静岡県、和歌山県、岡山県、世界遺産総合研究所、古田陽久

世界遺産とは何か —理念・歴史と日本の関わり—

アブ・シンベル神殿(エジプト・アラブ共和国)

世界遺産の理念

　世界遺産とは、人類の英知と人間活動の所産を様々な形で語り続ける顕著な普遍的価値をもつ遺跡、建造物群、モニュメントなどの文化遺産、そして、地球上の顕著な普遍的価値をもつ地形・地質、生態系、自然景観、生物多様性などの自然遺産を保護・保全することにより、かけがえのない人類共通の遺産を後世に継承していくことを目的とする、1972年のユネスコ総会で採択された「世界遺産条約」（2005年4月現在の締約国は180か国）に基づいて、ユネスコの「世界遺産リスト」に登録されている物件のことです。

　世界遺産条約とは、地球上のかけがえのない自然遺産や文化遺産を、人類全体の財産として、損傷、破壊等の脅威から保護・保存することが重要であるとの観点から、国際的な協力および援助の体制を確立することを本旨としています。

　世界遺産条約締約国から選ばれた21か国で構成する第27回世界遺産委員会が2003年6月30日から7月5日まで、パリのユネスコ本部で開催され、アフガニスタンの「バーミヤン渓谷の文化的景観と考古学遺跡」、イラクの「アッシュル（カルア・シルカ）」、イギリスの「王立植物園キュー・ガーデン」、中国の「雲南保護地域の三江併流」、ロシア連邦とモンゴルの2か国にまたがる「ウフス・ヌール盆地」など24か国の24物件が、新たにユネスコの「世界遺産リスト」に登録されました。これによって、「世界遺産リスト」に登録されている世界遺産の数は、129か国の754物件になりました。遺産種別では、自然遺産が149物件、文化遺産が582物件、自然遺産と文化遺産の両方の登録基準を満たす複合遺産が23物件です。

　このうち、地震、火災、水害、戦争や紛争、それに開発などで緊急の救済措置が求められる「危機にさらされている世界遺産リスト」には、今回は、緊急登録されたアフガニスタンの「バーミヤン渓谷の文化的景観と考古学遺跡」、イラクの「アッシュル（カルア・シルカ）」をはじめ、コート・ジボワールの「コモエ国立公園」、ネパールの「カトマンス渓谷」、アゼルバイジャンの「シルヴァン・シャフ・ハーンの宮殿と乙女の塔がある城塞都市バクー」の5物件が新たに加わった。それにより、現在、29の国と地域にわたって自然遺産が18物件、文化遺産が17物件の合計35物件が登録されている。

世界遺産の歴史

　国連教育科学文化機関（ユネスコ）の「世界の文化遺産および自然遺産の保護に関する条約」（通称　世界遺産条約）が1972年11月16日にパリで開催された第17回ユネスコ総会で採択されてから30年が経過し、新たなる持続的な発展が求められています。

　この世界遺産の考え方が生まれたのは、ナイル川のアスワン・ハイ・ダムの建設計画で、1959年に水没の危機にさらされたアブ・シンベル神殿やイシス神殿などのヌビア遺跡群の救済問題でした。

　この時、ユネスコが遺跡の保護を世界に呼びかけ、多くの国々の協力で移築し保護・救済したことにはじまります。

また、ユネスコが、1972年に「人間と生物圏（MAB）計画」を発足させたことにより国際的に自然保護運動の気運が高まったことも加勢しました。

　2002年にハンガリーのブダペストで開催された第26回世界遺産委員会では、世界遺産条約30周年を機会に、世界遺産（World Heritage）は、対話と相互理解を通じて社会の持続的発展の手段としても意義があり、人類が共有し守っていくべきであるとの共通認識のもとに、世界遺産を今後も増やしていく旨の「世界遺産に関するブダペスト宣言」を採択しました。

　一方、2003年3月に開催された第6回臨時世界遺産委員会並びに今回の世界遺産委員会で、世界遺産委員会の「手続き規則」、それに、文化遺産と自然遺産の登録基準の変更（ⅰからⅩまでの10の登録基準に統合）、世界遺産リストに、特定物件として「文化的景観、歴史都市、運河、道」を含めることなど、2000年4月以来検討されてきた「世界遺産条約履行の為の作業指針」（いわゆるオペレーショナル・ガイドラインズ）の改訂が行われた為、後者については、発効時期※の注視が必要です。　※2005年2月2日

世界遺産の意義

　「世界遺産」という言葉は、メディアで取り上げられることも多くなり、日本においても人類共通の財産であるとの認知度も高くなっています。

　「世界遺産」は、民族、人種、宗教、思想などが異なる多様な国際社会で、これらの違いを越えて人類が共有できる数少ない普遍的な価値概念といえます。

　世界遺産に登録される為には、三つの要件を満たす必要があります。

　一つは、他に類例がない顕著な普遍的価値を有することです。その物件そのものの真正性（オーセンティシティ）と完全性（インテグリティ）が求められます。

　二つは、ユネスコが設ける世界遺産の登録基準を満たすかどうかです。自然遺産には4つの、文化遺産には6つの登録基準があります。

　三つは、世界遺産になってからも恒久的な保護管理措置が計れるどうか、国内法上の法的措置が講じられているか、また、中長期的な保護管理計画があるかどうか、また、管理体制がしっかりしているかどうかです。これらはIUCN（国際自然保護連合）やICOMOS（国際記念物会議）などの専門機関によって厳しくチェックされます。

　世界遺産は、推薦や登録することが唯一の目的ではなく、その地域の普遍的な価値を人類全体の遺産として将来にわたり保全していくことが目的であることを忘れてはならないと思います。

　推薦や登録をゴールとするのではなく、関係行政機関や地元住民などが一体となって、登録後も、長期間にわたる保護管理やモニタリングに尽力していくことが重要です。

　従って、目先の利益や不利益などのメリットやデメリットを本来論ずるべきものではありませんが、地球と人類の至宝であるユネスコの世界遺産になることによって、

第一に、世界的な知名度が高まるのは確かであること、
　第二に、人類の共通の財産になることによって、世界的な保全意識が一層高まること、
　第三に、郷土の誇りと思う心、ふるさとを愛する気持ちなど、地元、そして、その地域に住む人、働く人、学ぶ人、また、出身の人達の心理に及ぼす意識が高まることなどの意識効果があります。

　これらによって、波及的に、観光客数の増加、これに伴う観光収入の増加、雇用の増加、税収の増加など地元並びに宿泊施設や一連の観光資源や観光施設がある周辺の市町村にもたらされる経済波及効果があるように思います。

　一方、このことによって、新たに発生する問題もあります。観光客を無制限に受け入れるわけにもいかず、オーバーユース（過剰利用）など、あらゆるツーリズム・プレッシャーに対する危機管理対応策を、中長期的な管理計画として作成しておく必要があります。

　具体的には、どこの観光地にも共通することでもありますが、観光客のマナーの問題として、①ゴミの投げ捨て　②立小便　③自生植物の踏み荒らし　④禁止場所でのたき火や釣り、植物採取などの違反行為　⑤民家の覗き見、受け入れ側の問題として、①交通渋滞　②ガイドの不足（外国人への対応も含めて）　③宿泊施設などの受け入れ施設

総体として、①自動車の排ガス、ゴミ、し尿などの環境問題　②新たな宿泊施設などの建設に伴う景観問題などが国内外の各地で問題になっています。

　筆者は、2003年9月に、中国で面積最大、人口最多の重慶市にある世界遺産、「大足石刻」（文化遺産・1999年登録）、それに、暫定リストに登録されている中国の全国重点風景名勝区であり、国家級森林公園、国家級自然保護区、全国首批重点科普教育基地でもある「金佛山」の現地調査を西南師範大学（重慶市北碚区）の研究者と共に行いました。

　世界遺産地にある重慶大足石刻美術博物館の専門家とは、世界遺産登録後に生じた問題点や課題、そして、これから世界遺産登録に向けて環境整備を進める地元自治体の南川市人民政府の関係者とは、金佛山が抱える保護管理上の問題点やまちづくりの課題などについて議論しました。

　それぞれに固有の問題点や課題はあるものの、両者に共通する点は、前述した観光客のマナーや受け入れ体制などのツーリズム・プレッシャーに関する事柄でした。

　これらの地が持続可能な観光の発展を計っていく場合にも、これらの問題を解決する科学的な保護管理のモデルを提示し、実験していくことによって、世界的にも通用する理想的な保護管理システムを構築したいと考えています。

　この世界遺産条約を意義を改めて考える時、登録時には、壮観な自然遺産や美しい文化遺産も、地震、火災、風水害などの自然災害や戦争、紛争、テロ行為などの人為的な災害によって、しばしば、不測の危機にさらされていることを忘れてはなりません。

　2003年の8月に欧州を襲った洪水も、オーストリア、チェコ、ドイツ、ハンガリーの世界遺産

地に多くの被害を与え、ユネスコは、貴重な世界遺産を救済する為、緊急援助を実施しました。

　この様な自然災害について、人道的な国際援助を行う意義は、大変わかり易いのですが、戦争や紛争による世界遺産への脅威については、パレスチナの紛争の様に、国際機関による勧告は出来ても紛争の根本的な解決には至らない現実があります。

　2003年7月に緊急登録されたアフガニスタンのバーミヤンとイラクのアシュルの遺跡についても、有事の前に緊急登録されていたら、状況は少しは変わっていたのかもしれません。予測される危機が明らかな場合、「危機にさらされている世界遺産」の登録に関しては、緊急、臨時の世界遺産遺産委員会の開催や書面決議による緊急登録など、世界遺産委員会の機動的な措置が必要なのかもしれません。

世界遺産と日本の関わり

　日本は、1992年6月30日に世界遺産条約を受諾し125番目の締約国として仲間入りしました。これまでに、次の12物件がユネスコの世界遺産リストに登録されています。自然遺産は、「白神山地」（青森県・秋田県）＜1993年＞、「屋久島」（鹿児島県）＜1993年＞の2物件、文化遺産は、「法隆寺地域の仏教建造物」（奈良県）＜1993年＞、「姫路城」（兵庫県）＜1993年＞、「古都京都の文化財」（京都府・滋賀県）＜1994年＞、「白川郷・五箇の合掌造り集落」（岐阜県・富山県）＜1995年＞、「広島の平和記念碑（原爆ドーム）」（広島県）＜1996年＞、「厳島神社」（広島県）＜1996年＞、「古都奈良の文化財」（奈良県）＜1998年＞、「日光の社寺」（栃木県）＜1999年＞、「琉球王国のグスク及び関連遺産群」（沖縄県）＜2000年＞、「紀伊山地の霊場と参詣道」（和歌山県・奈良県・三重県）＜2004年＞の10物件です。

　また、今後、5～10年以内に世界遺産に登録する為の推薦候補物件である暫定リストには、
文化遺産関係では、「古都鎌倉の寺院・神社」（神奈川県）、「平泉の文化遺産」（岩手県）、「彦根城」（滋賀県）、「石見銀山遺跡」（島根県）の4物件をノミネートしています。

　自然遺産関係では、2003年に入って、環境省と林野庁により「世界自然遺産候補地に関する検討会」がもたれ、クライテリアに照らし合わせた評価の可能性、国内外の既登録地域等の比較、完全性の条件に関する評価の見地から詳細な検討が行われ、結果的に、「知床」（北海道）、「小笠原諸島」（東京都）、「琉球諸島」（鹿児島県・沖縄県）の3地域が選定され、今後、国内での諸手続きを経て、ユネスコの暫定リストにノミネートされる見込みです。

　このうち、「知床」については、2005年7月に、南アフリカのダーバンで開催される第29回世界遺産委員会で、登録の可否が決まります。

　このほかにも、誇れる郷土の自然環境や文化財を世界遺産に登録する為の世界遺産登録運動が全国各地で起こっています。ユネスコの世界遺産は、日本政府の推薦によって、国がユネスコに登録申請するもので、地方自治体やNGOが単独には出来ませんが、新たな地域づくりやまちづくりのニュー・ウエーブになっています。

　世界遺産は、数を競うものではありませんが、日本の場合は、世界遺産条約を締約するのが、遅かった為に、その数12物件は、2003年現在、ポーランドと共に世界で第18番目です。

世界遺産と日本の関わりを考えるなかで、今後、日本に期待されることは、国際貢献への道でしょう。国際資金協力や援助もさることながら、世界遺産の保護管理上の自然環境の保護管理システム、文化財の保存技術、世界遺産教育、ヘリティージ・ツーリズムなどソフト面での指導や協力です。

　なかでも、アジア・太平洋地域でのリーダーシップの発揮です。2005年4月現在、アジア・太平洋地域には、25か国に159物件の世界遺産があります。世界遺産の数では、中国30物件、インド26物件、オーストラリア16物件、日本12物件の順ですが、これらの国々との協力のもとに、世界遺産の理想的な保護管理システムを構築し、後進の指導、また、世界的な先進事例を示していくことが重要であるように思います。

世界遺産の課題と展望

　ユネスコ世界遺産センターのインターネットの以前のホームページのトップページを開くと、英語で、Protecting natural and cultural properties of outstanding universal value against the threat of damage in a rapidly developing world.、仏語で、Protéger les biens naturels et culturels de valeur universelle exceptionnelle, contre la menace d'un monde en évolution rapideが出現しました。

　顕著な普遍的価値を持つ自然遺産や文化遺産を損傷の脅威から守るために、その重要性を広く世界に呼びかけ、保護・保全のための国際協力を推し進めていくことが世界遺産の基本的な考え方です。

　世界遺産に登録されるということは、あらためて身近な自然環境や文化財を見直すきっかけになるとともに、世界の目からも常に監視されるため、その保護・保全のために、より一層の努力が求められると共に共同責任を負うことになります。

　この事の原点には、世界の平和が維持されていることが前提になります。第二次世界大戦などの戦禍で世界各地の貴重な自然環境や文化財が数多く失われました。冷戦集結後の今日も、民族間や宗教間の争い、国家間の戦争や紛争など、国家、人間のエゴイズムによるもめ事が、しばしば、世界遺産の脅威になっています。

　世界遺産条約の締結国数は、2005年4月現在、180か国です。（国際連合の加盟国数は191か国）。アメリカは1973年に、イスラエルは1999年に、アフガニスタンは1979年に、イラクは1974年に、イランは1975年に、北朝鮮は1998年に、この世界遺産条約を締約しており、これらの国には、いずれも世界遺産があります。

　北朝鮮の物件である「高句麗古墳群」については、2004年に開催された第27回世界遺産委員会では、真正性についての再評価、保全状況、中国との国境をまたぐ古墳群を含めた登録範囲の見直し（この場合には、中国との共同登録となる）などの課題があり、登録は見送りになりました。しかし、翌年2004年7月に開催された第28回世界遺産委員会蘇州会議において、中国側は「古代高句麗王国の首都群と古墳群」、北朝鮮側は「高句麗古墳群」として、それぞれの国で登録されました。

顕著な普遍的価値を有する「世界遺産」の登録は、国と国との争いや対立を超越するものです。

世界遺産の数は毎年増え続けていきます。国家、人種、民族、宗教、思想の違いを乗り越えて、人類のかけがえのない世界遺産をあらゆる脅威から守り、未来世代へと継承していきたいものです。

地球的な視点に立つならば、世界遺産条約をまだ締約していない国や地域の仲間入りの促進、それに、領有権などをめぐって国として認められておらず、国際機関への加盟や国際条約を締約できない地域の自然環境や文化財も守っていく視点も重要です。

世界遺産は、自然遺産と文化遺産の数のアンバランス、地域的な世界遺産の偏りなどもありますが、全地球的な立場に立った地球遺産を、テロ行為のみならず政治的な覇権主義からも守っていかなければならない地球市民的な視座と認識が求められています。

参考文献
- 「世界遺産ガイド－図表で見るユネスコの世界遺産－」(2004年12月)
- 「世界遺産ガイド－世界遺産の基礎知識編－」(2004年10月)
- 「世界遺産ガイド－日本編－2004改訂版」(2004年9月)
- 「世界遺産入門－過去から未来へのメッセージ－」(2003年2月)
- 「世界遺産学入門－もっと知りたい世界遺産－」(2002年2月)
  (シンクタンクせとうち総合研究機構　発行)

本稿は、㈶日本交通公社の「観光文化」第162号(2003年11月20日発行)に掲載された古田陽久の論稿「世界遺産とは何か－理念・歴史と日本の関わり－」を基に、加筆したものです。

ユネスコ本部（パリ）

世界遺産条約の成立と背景

年　月	内　　容
1872年	アメリカ合衆国が、世界で最初の国立公園法を制定。イエローストーンが世界最初の国立公園になる。
1948年	IUCN（国際自然保護連合）が発足。
1954年	ハーグで「軍事紛争における文化財の保護のための条約」を採択。
1959年	ICCROM（文化財保存修復研究国際センター）が発足。
1962年	IUCN第1回世界公園会議、アメリカのシアトルで開催。
1964年〜1968年	アスワン・ハイ・ダムの建設（1970年完成）でナセル湖に水没する危機にさらされたエジプトのヌビア遺跡群の救済を目的としたユネスコの国際的キャンペーン。
1960年代半ば	ユネスコを中心にした文化遺産保護に関する条約の草案づくり。
1960年代半ば	アメリカ合衆国や国連環境会議などを中心にした、自然遺産保護に関する条約の模索と検討。
1965年	ICOMOS（国際記念物遺跡会議）が発足。
1967年4月	アムステルダムで開催された国際会議で、アメリカ合衆国が自然遺産と文化遺産を総合的に保全する為の「世界遺産トラスト」を設立することを提唱。
1970年	「文化財の不正な輸入、輸出、および所有権の移転を禁止、防止する手段に関する条約」を採択。
1971年	ニクソン大統領の構想に基づきアメリカ合衆国政府は1972年までに条約の準備作業を完了させることを提案。
1971年	ユネスコとIUCN（国際自然保護連合）が条約の草案作成。
1972年6月	ストックホルムで開催された国連人間環境会議で条約の草案報告。
1972年11月16日	パリで開催された第17回ユネスコ総会において世界遺産条約を採択。
1975年12月17日	世界の文化遺産及び自然遺産の保護に関する条約発効。
1992年	ユネスコ事務局長、ユネスコ世界遺産センターを設立。
1996年10月	IUCN第1回世界自然保護会議、カナダのモントリオールで開催。
2000年	ケアンズ・デシジョンを採択。
2002年	国連文化遺産年。
2002年6月28日	ブダペスト宣言採択。
2002年11月16日	世界遺産条約採択30周年。
2004年7月	蘇州デシジョンを採択。
2005年4月現在	世界遺産条約締約国数　180か国

世界遺産学のすすめ―世界遺産が地域を拓く―

世界遺産を取り巻く危険や脅威

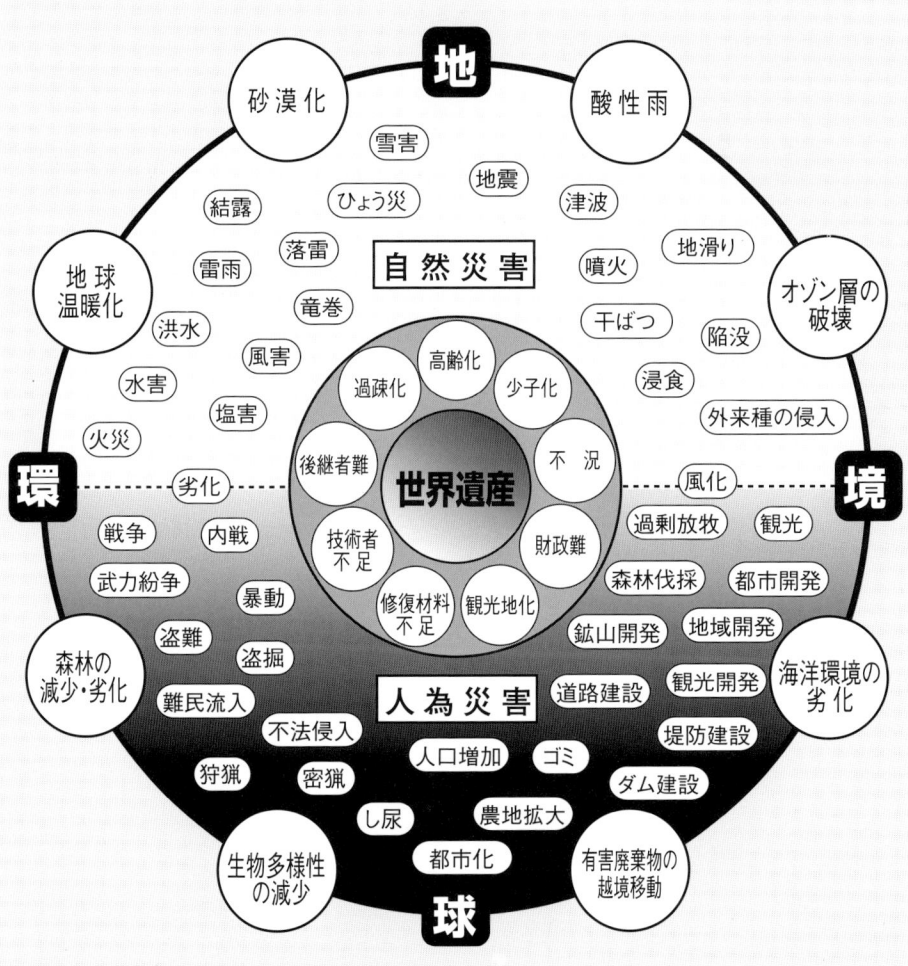

世界遺産学のすすめ―世界遺産が地域を拓く―

「世界遺産データ・ブック―2005年版―」（シンクタンクせとうち総合研究機構）
「世界遺産マップス―地図で見るユネスコの世界遺産―2005改訂版」（シンクタンクせとうち総合研究機構）
「世界遺産ガイド―世界遺産の基礎知識編―2004改訂版」（シンクタンクせとうち総合研究機構）
「世界遺産ガイド―図表で見るユネスコの世界遺産編―」（シンクタンクせとうち総合研究機構）

世界遺産の多様性と文化的景観
－自然環境と人間の営み－

ライン川上中流域（ドイツ連邦共和国）

はじめに

　2004年6月28日から7月7日まで、中国江蘇省蘇州市（人口　210万人＜大都市圏580万人＞　）の蘇州市企画展示館の会議場で、第28回世界遺産委員会（178か国の世界遺産条約締約国から選ばれたアルゼンチン、中国、コロンビア、エジプト、レバノン、ナイジェリア、オーマン、ポルトガル、ロシア、セントルシア、南アフリカ、イギリス、チリ、インド、クウェート、ニュージーランド、ベニン、日本、リトアニア、オランダ、ノルウェーの21か国の委員国で構成）が開催されました。

　第28回世界遺産委員会には、100を越える世界の国々から1000人近い人々が出席し、蘇州市では、市内の美化活動、それにマスコット・キャラクターが登場するなど、市をあげての歓迎色に包まれました。

世界遺産の多様性

　新登録物件については、イランの「バムの文化的景観」、モンゴルの「オルホン渓谷の文化的景観」、北朝鮮の「高句麗古墳群」、中国の「古代高句麗王国の首都群と古墳群」、日本の「紀伊山地の霊場と参詣道」、インドネシアの「スマトラの熱帯雨林遺産」、イギリスの「リバプール-海商都市」、ドイツの「ドレスデンのエルベ渓谷」、デンマークの「イルリサート・アイスフィヨルド」、スウェーデンの「ヴァルベルイの無線通信所」、メキシコの「ルイス・バラガン邸と仕事場」など29か国の34物件が、新たにユネスコの「世界遺産リスト」に登録されました。

　その結果、世界遺産の数は、地球上の顕著な普遍的価値をもつ地形・地質、生態系、自然景観、生物多様性などの自然遺産が154物件、人類の英知と人間活動の所産を様々な形で語り続ける顕著な普遍的価値をもつ遺跡、建造物群、モニュメントなどの文化遺産が611物件、自然遺産と文化遺産の両方の登録基準を満たす複合遺産が23物件の合計788物件（134か国）になりました。

　新たに登録された34物件の内訳は、自然遺産が5物件、文化遺産が29物件です。
　地域別では、アフリカ　3物件（8.8％）、アラブ諸国　2物件（5.9％）、アジア・太平洋　11物件（32.3％）、ヨーロッパ・北米　16物件（47.1％）、ラテンアメリカ・カリブ海地域　2物件（5.9％）です。

　登録遺産は、氷河、火山、熱帯雨林、植物群集、生物多様性、文化的景観、渓谷、草原、庭園、公園、葡萄園、農場、農村、漁村、集落、考古学遺跡、都跡、壁画、古墳、墓地、修道院、寺院、神社、信仰の道、要塞、ペトログラフ（岩石に刻まれた文字や文様）、港、駅舎、無線通信所、展示館、市庁舎、彫像、邸宅など多様で多彩です。

　これらは、知名度や鑑賞価値が高いものばかりではない。規模や外観ではなく、歴史上、民族学上、人類学上、芸術上、学術上、保存上、或は、景観上の観点から質の高い、「顕著な普遍的価値」を有する傑出したものばかりです。

文化の多様性

　文化遺産の場合、歴史的には、紀元前9～1世紀のイタリアの「チェルヴェテリとタルクィニアのエトルリア墳墓群」から20世紀のスウェーデンの産業遺産「ヴァルベルイの無線通信所」、メキシコの近代建築の巨匠の「ルイス・バラガン邸と仕事場」に至るまで様々です。

　これらの中には、歴史的人物ゆかりの世界遺産や世界遺産地も幾つかあります。

　イスラム教を創始した預言者ムハンマド（マホメット　570頃～632年）ともゆかりの深い「ウム・エル・ラサス＜カストロン・メファー＞」、モンゴル帝国の創始者チンギス・ハン（太祖1167頃～1227年）ゆかりの「オルホン渓谷の文化的景観」、メキシコのモダニズムを代表する建築家ルイス・バラガン（1902～1988年）ゆかりの「ルイス・バラガン邸と仕事場」、ビートルズの4人のメンバーの生誕地でもある「リバプール-海商都市」などです。

　また、ユニークなものとしては、オーストラリアのメルボルンにある「王立展示館とカールトン庭園」、インドのムンバイ（旧ボンベイ）にある「チャトラパティ・シヴァジ・ターミナス駅＜旧ヴィクトリア・ターミナス駅＞」、それに、前述したスウェーデンの南部の町グリムトンにある「ヴァルベルイの無線通信所」などです。

　王立展示館は、1880年のメルボルン国際博覧会、1888年のオーストラリア植民地生誕百周年記念国際博覧会開催の為に設計された建物で、その建築様式やレイアウトは見事で、その後も様々な行事に活用され、世界各地で開催された万国博覧会の展示にも大きな影響を与えました。

　旧ヴィクトリア・ターミナス駅は、英国人の建築家F.W.スティーブンス（1848～1900年）によって設計されたヴィクトリア朝ゴシック様式と伝統的なインド様式が融合した荘厳な駅舎で、インド鉄道が創業した際に第1号列車が初めて出発した駅としても有名です。

文化的景観

　2004年の新登録物件の特色として、文化遺産として登録された29物件のうち、「文化的景観」（Cultural Landscape＜英・米＞、Kulturlandschaft＜独＞）のカテゴリーが適用されたものが、13物件（44.8%）もあることが挙げられます。

　アンドラの「マドリュウ・ペラフィタ・クラロー渓谷」、日本の「紀伊山地の霊場と参詣道」、カザフスタンの「タムガリの考古学的景観とペトログラフ」、モンゴルの「オルホン渓谷の文化的景観」、ノルウェーの「ヴェガオヤン－ヴェガ群島」、トーゴの「バタムマリバ族の地　コウタマコウ」、ドイツの「ドレスデンのエルベ渓谷」、ドイツとポーランドの二国にまたがる「ムスカウ公園／ムザコフスキー公園」、アイスランドの「シンクヴェトリル国立公園」、イタリアの「オルチャ渓谷」、リトアニアの「ケルナヴェ考古学遺跡＜ケルナヴェ文化保護区＞」、ポルトガルの「ピコ島の葡萄園文化の景観」、イランの「バムの文化的景観」です。

　文化的景観とは、人間と自然環境との共同作品、すなわちかけがえのない自然環境と長い時間をかけて形成された人間の営為が織りなす風土景観です。

自然環境とは、海、山、川などの環境である。人間の営みとは、衣、食、住などの生活、農業、林業、漁業、鉱工業など人間の生業ともいえる産業、信仰、文化、芸術などの人間の趣向などの活動のことです。

文化的景観は、文化遺産と自然遺産との中間的な存在で、現在は、文化遺産の分類に含められており、次の三つのカテゴリーに分類することができます。

【1】 庭園、公園など、人間によって意図的に設計され創造されたと明らかに定義できる景観
【2】 棚田など農林水産業などの産業と関連した有機的に進化する景観で、次の2つの
　　 サブ・カテゴリーに分けられます。
　 (1) 残存する（或は化石）景観（a relict (or fossil) landscape）
　 (2) 継続中の景観（continuing landscape）
【3】 聖山など自然的要素が強い宗教、芸術、文化などの事象と関連する文化的景観

自然環境と人間の営み

地球の歴史は46億年、人類の歴史は500万年といわれている。地球上には多様な自然環境のもと、多様な民族・人種が、多様な国家を形成し、多様な歴史と文化を育んできました。

ここでは、「文化的景観」のカテゴリーに属する代表的な物件のうち、「自然環境と人間の営み」を、世界的に考察してみたいと思います。

事例1　バタムマリバ族の地 コウタマコウ

<u>アフリカ</u>　トーゴの「バタムマリバ族の地 コウタマコウ」は、2004年に文化遺産（登録基準(v)(vi)）として登録された。北東部のカラ地方のコウタマコウにあり、隣国のベニンにも広がる。コウタマコウには、先住民族のバタムマリバ族が農業や林業で生活を営んでおり、今も伝統的集落で暮らしています。彼らの家屋は、タキエンタと呼ばれる泥で作られた塔状の土造建築物で、トーゴの社会構造を反映するシンボルの一つでもある。コウタマコウの自然環境は、バタムマリバ族の信仰や儀式と深く関わっています。

事例2　カディーシャ渓谷（聖なる谷）と神の杉の森（ホルシュ・アルゼ・ラップ）

<u>アラブ諸国</u>　レバノンの「カディーシャ渓谷（聖なる谷）と神の杉の森（ホルシュ・アルゼ・ラップ）」は、1998年に文化遺産（登録基準(iii)(iv)）に登録されました。レバノンの北方、レバノン山脈のコルネ・エル・サウダ山（3087m）斜面のカディーシャ渓谷に広がる樹齢1200〜2000年のレバノン杉の森（約400本）で、顕著な普遍的価値を有する文化的景観を誇っています。かつて、ヘブライ人の国家を築いたソロモン王（紀元前960年頃〜紀元前922年頃）は、神自身が植え育てたとされるこのレバノン杉を珍重し、エジプトの神殿やエルサレムの自身の宮殿を造る木材にした。また、専制的な国王は、その木から精巧な装飾の石棺や太陽の船を彫刻した。しばしば、旧約聖書にも登場するレバノン杉は、レバノンの国旗にも描かれている様に、レバノンの栄光の象徴でもあります。

事例3　オルホン渓谷の文化的景観

　<u>北東アジア</u>　モンゴルの「オルホン渓谷の文化的景観」は、2004年に文化遺産（登録基準（ii）(iii)(iv)）として登録されました。ウランバートルの南西360km、モンゴルの中央部にあります。オルホン渓谷は、2000年にわたって遊牧生活が営まれてきた場所で、数多くの考古学遺跡が見つかっています。オルホン渓谷の文化的景観は、6～7世紀のトルコの史跡、8～9世紀のウィグル族の首都ハル・バルガス、13～14世紀のモンゴル帝国のチンギス・ハン（成吉思汗・テムジン　在位1206～1227年）の息子オゴタイが1235年につくったカラコルムなど5つの重要な史跡も含みます。草原でのゲル（移動式の家屋）での遊牧民族の生活は、今もこの地に継承されています。

事例4　コルディリェラ山脈の棚田

　<u>東南アジア</u>　フィリピンの「コルディリェラ山脈の棚田」は、1995年に文化遺産（登録基準（iii)(iv)(v)）として登録されました。フィリピンのコルディリェラ山脈の棚田は、ルソン島の北部、南北方向に連なるコルディリェラ山脈の東側斜面のイフガオ州バナウエにあります。山岳民族のイフガオ族により、2000年もの間、引き継がれてきた山ひだの水系を利用した伝統的農法のライス・テラス（棚田）は、人類と環境との調和を見事に克服してきた壮大で美しい棚田景観を形づくっており、世界最大規模といわれています。

　天上にも届くかと思われるほど大規模な段丘水田は、イフガオ族が地形的制約を克服した血と汗の結晶で、人類のバイタリティーと生命活動の偉大さを実証した見事な傑作で、フィリピン人の誇りになっています。コルディリェラ山脈の棚田は、日本の中山間地域対策の中で、棚田の景観が再考される契機になったともいわれています。

　一方、コルディリェラ山脈の棚田は、体系的な監視プログラムや総合管理計画が欠如し、耕作放棄などで棚田が荒れてきている為、2001年に「危機にさらされている世界遺産リスト」に登録されました。

　また、イフガオ族が田植えや収穫、通夜の時にうたう歌は、「イフガオのフドフド詠唱」として、ユネスコの「人類の口承及び無形遺産の傑作」（43か国47物件）の一つに選定されています。

事例5　ウルル-カタ・ジュタ国立公園

　<u>オセアニア</u>　オーストラリアの「ウルル-カタ・ジュタ国立公園」は、1987年／1994年に複合遺産（登録基準（自然（ii)(iii)　文化（v)(vi)））として登録されました。ウルル・カタジュタ国立公園は、オーストラリアのほぼ中央のノーザン・テリトリー（北部準州）にあり、総面積は132,566haで、地質学上も特に貴重な存在に位置づけられています。この一帯の赤く乾いた神秘的な台地に、突如「地球のヘソ」といわれる世界最大の一枚砂岩のエアーズ・ロック（アボリジニー語でウル）と高さが500m、総面積が、3,500haとエアーズ・ロックより大きい36個の砂岩の岩塊群のマウント・オルガ（カタ・ジュタ）が現れます。エアーズ・ロックは、15万年前にこの地にやってきた先住民のアボリジニーが宗教的・文化的に重要な意味を持つ聖なる山として崇拝してきました。また、周辺の岩場には、古代のアボリジニーが描いた多くの壁画も残されています。また、ウルル-カタ・ジュタ国立公園内には、22種類の哺乳類や150種の鳥、世界で二番目に大きいトカゲなど多くの爬虫類が生息しています。エアーズ・ロックは、気象条件

が良い時には、岩登りができる様になっており、頂上から眺める景色は観光客にも大変人気があります。また、マウント・オルガの風の谷や洞窟を歩くツアーにも多くの人が訪れます。

事例6　アランフエスの文化的景観

　<u>西ヨーロッパ</u>　スペインの「アランフエスの文化的景観」は、2001年に文化遺産（登録基準(ii)(iv)）として登録されました。アランフエスは、マドリッドから47kmのところにある緑豊かな素晴しい庭園に囲まれた美しい王宮がある町。タホ川流域の肥沃なこの平野には、15世紀から王族が住み始めました。現在の王宮と庭園は、17世紀のスペイン・ブルボン王家によって建てられました。度重なる火事の為、何度も修復が行われたが、均衡のとれた美しさは元のまま。パルテレ庭園には、彫像、イスラム庭園には噴水があります。英国式の庭園、プリンシペ庭園には、カルロス4世によって建てられたネオ・クラシック様式の狩猟館、カサ・デル・ラブラドールがあります。王宮周辺のアランフエスの町は、18世紀に入ってからフェルナンド4世によって建設が始められました。街路や家屋の設計は当時の啓蒙運動の考えに沿ったもので、数々の邸宅や歴史的建造物なども素晴しいものがたくさん残っています。昔からスペイン王室が好んだこの地には彼らの王宮（離宮）があります。それから"漁夫の家"と呼ばれるものも、この近くにあり、これもまた王室のもので、18世紀、19世紀の王様や御后の個人的持ち物であった川遊び用の船を保管、展示してあります。

事例7　トカイ・ワイン地方の歴史的・文化的景観

　<u>東ヨーロッパ</u>　ハンガリーの「トカイ・ワイン地方の歴史的・文化的景観」は、2002年に文化遺産（登録基準(iii)(v)）として登録されました。ハンガリーの北東部、ルーマニアとポーランド、ウクライナの国境に近いトカイ・ヘジャリア地方の多くの場所に多面的に広がります。トカイ・ワイン地方の文化的景観は、この地方の低い丘陵と川の渓谷での比類のないブドウ栽培とワイン生産の様子が絵の様に展開します。20以上のワイン貯蔵庫と歴史的に繋がりが深い、独特の香味を持つ貴腐ぶどう（アスー）ができるぶどう畑、農場、小さな町が入組んだ様は、有名なトカイ・ワインの生産のすべての面を示しています。琥珀色のトカイ・ワインの品質と管理は、300年近くもの間、厳格に統制されており、世界各地のワイン・コンテストでも多くの賞を獲得し、世界三大貴腐ワインの一つとして評価されています。

事例8　ヴェガオヤン-ヴェガ群島

　<u>北ヨーロッパ</u>　ノルウェーのヴェガオヤン-ヴェガ群島は、2004年に文化遺産（登録基準(v)）として登録されました。ヴェガオヤン−ヴェガ群島は、ノルドランド地方の南部、世界で最も海岸線が美しいといわれるヘルゲランド海岸中央部の沖合いに展開する6,500以上の島々からなる諸島。ヴェガ諸島の厳しい環境下で、人々は、漁業、農業、それに、アイダー・ダック（Eider-duck）の羽毛（アイダー・ダウン）と卵の採集による倹約生活を営んできました。ヴェガ群島に残る漁村、農地、倉庫、アイダー・ダックの飼育場などが、石器時代初期から現代に至る島の暮らしを証明している。ヴェガオヤン−ヴェガ群島は、開かれた海の美しい光景、小島群などの自然環境と人間の営みが文化的景観として評価されました。

事例9　ヴィニャーレス渓谷

　<u>カリブ海諸国</u>　キューバの「ヴィニャーレス渓谷」は、1999年に文化遺産（登録基準（iv））として登録されました。ヴィニャーレス渓谷は、キューバの最も西にあるピナール・デル・リオ市の北方50kmにある周囲をモゴテスと呼ばれる奇妙な形の山で囲まれたカルスト地形とヤシの木が印象的な美しい田園景観を呈しています。ヴィニャーレス渓谷は、土地も肥沃であり、世界的に有名なクオリティーの高いハバナ葉巻の原料になるタバコの葉、それに、サトウキビ、トウモロコシ、バナナの栽培など先住民の伝統的な農耕法や工法が、今も変わることなく息づいています。また、ヴィニャーレスの村人は、この地固有の農家の木造家屋の建築、工芸、音楽の面においても、古くからの良き伝統を守り続け、カリブ諸島、そして、キューバの文化の発展に貢献しました。

わが国の文化的景観

　第28回世界遺産委員会蘇州会議では、わが国の「紀伊山地の霊場と参詣道＞が、申請通りに文化遺産（登録基準（ii）（iii）（iv）（vi））として登録され、わが国12番目（文化遺産では、10番目）の世界遺産が誕生し、わが国の「文化的景観」が公式に認められた最初の事例となった。自然崇拝と浄土思想を顕著に表した紀伊山地の「文化的景観」。この物件の評価を担当したICOMOS（国際記念物遺跡会議）の責任者から物件の概要説明と評価のコメントがなされ、議長から委員国に意見が求められたが異論はありませんでした。

　なかでも、この物件に対するICOMOSの評価レポートの纏め方には、複数の委員国から讃辞が贈られた。登録基準の（vi）が含まれることもあるが、文化遺産を有形文化遺産（山岳霊場や参詣道）と無形文化遺産（修験道、神仏習合、真言密教、伝統行事）の両方の視点から特徴づける整理の仕方は、大変、説得力がありました。

　それに、ヨーロッパ、アフリカ、アラブ諸国の委員から見た三つの霊場（修験道の舞台 吉野・大峯、神仏習合の聖地 熊野三山、真言密教の道場 高野山）と、これらを結ぶ参詣道（大峯奥駈道、熊野参詣道（中辺路、小辺路、大辺路、伊勢路）、高野山町石道は、大変ユニークなものに映るように思えました。

重要文化的景観

　2004年3月の国会で、文化財保護法の一部が改正され、地域における人々の生活、または、生業および当該地域の風土により形成された「文化的景観」を文化財として位置づけることなど文化財の保護対象が拡大されました。

　それに、2004年6月18日に、都市、農山漁村等における良好な景観の形成を図ることを目的とする、わが国で初めての景観についての法律である「景観法」（平成16年6月18日法律110号）が公布され、文化庁長官は、「景観法」に基づく景観計画区域や景観地区の中から重要文化的景観を選定できることになりました。

　この二つの法律によって、2005年4月1日以降に、これまでの国の重要文化財、重要伝統的建造物群保存地区等の選定と同様に、全国的な国の「重要文化的景観」が選定される運びになりました。

かけがえのない日本の原風景を未来に

　わが国の文化的景観は、失われてはならない日本の原風景です。なかでも、文化的景観の背景となる自然環境は、あらゆる脅威から守っていかなければなりません。また、自然環境の中で育まれてきた長年の人間の生活や生業も失われてはなりません。
　それでは、日本らしい日本を代表する文化的景観とは、どのような風景が考えられるのでしょうか。
　「世界遺産に登録されている主な文化的景観」を参考にすると、日本の庭園、公園、棚田や棚畑などの農業景観も今後の世界遺産候補として検討を進める価値があります。
　日本の庭園については、「古都京都の文化財（京都市、宇治市、大津市）」（文化遺産　1994年登録）の、醍醐寺の三宝院庭園、西芳寺＜苔寺＞の西芳寺庭園、天龍寺の天龍寺庭園、鹿苑寺＜金閣寺＞の鹿苑寺庭園、慈照寺＜銀閣寺＞の慈照寺庭園、龍安寺の方丈庭園と龍安寺庭園、本願寺＜西本願寺＞の大書院庭園と滴翠園、二条城の二之丸庭園、清水寺の成就院庭園、平等院の平等院庭園の12の庭園が社寺と共に、また、「琉球王国のグスクと関連遺産群」（文化遺産2000年登録）の識名園が要塞群と共に既に登録されています。
　それでは日本の農業景観についてはどうでしょうか。ヨーロッパでは、フランス、ポルトガル、イタリア、ドイツ、ハンガリーの葡萄畑の農業景観が世界遺産に登録されており、アジアでは、フィリピンの「コルディリェラ山脈」の稲作の棚田が登録されています。
　「紀伊山地の霊場と参詣道」は聖地や信仰の道ですが、これに続く日本の代表的な「文化的景観」が、ユネスコの「世界遺産リスト」に登録されることが今後、期待されます。

富士山や瀬戸内海地域の文化的景観を世界遺産に！

　例えば、富士山は、何故に世界遺産になれないのか？という質問がよく寄せられます。
　自然遺産として見た富士山の世界遺産登録は、世界的に見ると、顕著な普遍的価値を証明するで難点があります。
　しかしながら、富士山の文化的景観を世界遺産に出来ないかという見方があります。
　古くからの宗教、芸術、文化などの事象と関連する文化的景観と山麓の茶畑やぶどう畑などの農業と関連した有機的に進化する文化的景観とを併せ持つ複合的景観という考え方です。日本の象徴の一つでもあり国民の財産ともいえる富士山の世界遺産化に全国的な英知が求められています。
　では、身近な瀬戸内海地域の文化的景観についてはどうでしょうか。島々の伝統的な農村や漁村の集落、みかんやオリーブの段々畑や牡蠣筏など農業や水産業と関連した有機的に進化する文化的景観も日本らしい風景の一つです。

おわりに

　本稿では、世界遺産の多様性と文化的景観－自然環境と人間の営み－について考察してきました。世界遺産は実に多様で、世界各地の自然環境と人間の営みも多様です。
　近年、「世界遺産学」なる学問も創成され、学際的に世界遺産をテーマとする講座や科目が大学などに誕生しつつあります。
　そして、学生の中にも卒業論文のテーマに取り上げる人が多くなっています。なかでも、最近注目されているのが「文化的景観」の学術的、或は、科学的な研究です。
　日本では余り聞きなれなかったこの用語も、世界遺産からの概念の導入でわが国の文化財保

護法の改正にも大きな影響力を与えました。
　文化的景観は、即席には醸成されず、長い年月を要して形成された人間の生活や生業を投影したものです。
　このことの原点には、私たちは、世の中が平和であることの大切さを忘れてはならないと思います。

参考文献
- 「世界遺産データ・ブック－2005年版－」（2004年7月）
- 「世界遺産ガイド－特集　第28回世界遺産委員会蘇州会議－」（2004年8月）
- 「世界遺産ガイド－文化遺産編－ 4.文化的景観」（2002年1月）
- 「世界遺産ガイド－自然景観編－」（2004年3月）
- 「誇れる郷土ガイド－全国47都道府県の誇れる景観編－」（2003年10月）
（シンクタンクせとうち総合研究機構　発行）

本稿は、2004年11月17日の広島女学院大学生活文化学会秋季講演会での古田陽久の講演「世界遺産の多様性と文化的景観－自然環境と人間の営み－」を基に、加筆したものです。

世界遺産に登録されている主な文化的景観

2005年5月現在

地域	国名	登録遺産名（●文化遺産 ◎複合遺産）	登録基準 i	ii	iii	iv	v	vi	登録年	備考
アフリカ	ナイジェリア	●スクルの文化的景観			■		■	■	1999年	集落、棚畑、遺跡
	トーゴ	●バタムマリバ族の地 コウタマコウ					■	■	2004年	集落、民家
	マダガスカル	●アンボヒマンガの王丘			■	■		■	2001年	王丘、墓所
	ジンバブエ	●マトボ丘陵			■		■	■	2003年	奇岩、壁画洞窟
	ボツワナ	●ツォディロ	■		■			■	2001年	丘陵、岩絵
	南アフリカ	●マプングブウェの文化的景観		■	■	■			2003年	遺跡（宮殿、要塞、住居）
アラブ諸国	レバノン	●カディーシャ渓谷(聖なる谷)と神の杉の森（ホルシュ・アルゼ・ラップ）			■			■	1998年	レバノン杉の森
アジア	アフガニスタン	●バーミヤン盆地の文化的景観と考古学遺跡	■	■	■	■		■	2003年	遺跡、渓谷
	イラン	●バムの文化的景観		■	■	■	■		2004年	遺跡（要塞）
	カザフスタン	●タムガリの考古学的景観とペトログラフ			■				2004年	遺跡、渓谷、岩石彫刻
	インド	●ビムベトカの岩窟群			■		■		2003年	洞窟群、岩絵
	ラオス	●チャムパサックの文化的景観の中にあるワット・プーおよび関連古代集落群			■	■		■	2001年	山寺
	フィリピン	●フィリピンのコルディリェラ山脈の棚田							1995年	棚田
	日本	●紀伊山地の霊場と参詣道							2004年	霊場、参詣道
	モンゴル	●オルホン渓谷の文化的景観		■	■				2004年	渓谷
オセアニア	オーストラリア	◎ウルル・カタジュタ国立公園 文化／自然					■	■ / □ □	1987年/1994年	聖山、岩塊群
	ニュージーランド	◎トンガリロ国立公園 文化／自然						■ / □ □	1990年/1993年	高原、聖地
ヨーロッパ	アイスランド	●シンクヴェトリル国立公園			■				2004年	史跡、公園
	アンドラ	●マドリュウ・ペラフィタ・クラロー渓谷				■			2004年	渓谷、山岳生活文化
	イタリア	●フェラーラ：ルネサンスの都市とポー・デルタ	■	■	■		■	■	1995年/1999年	ポー川、宮殿、城、公園
	イタリア	●アマルフィターナ海岸		■		■			1997年	海岸
	イタリア	●ポルトヴェーネレ，チンクエ・テッレと諸島（パルマリア、ティーノ、ティネット）		■		■	■		1997年	段々畑、諸島
	イタリア	●ペストゥムとヴェリアの考古学遺跡とパドゥーラの僧院があるチレントとディアーナ渓谷国立公園			■	■			1998年	考古学遺跡
	イタリア	●ティヴォリのヴィラ・デステ	■	■	■	■			2001年	別荘
	イタリア	●ピエモント州とロンバルディア州の聖山		■		■			2003年	聖山、アルプス山脈
	イタリア	●オルチャ渓谷				■	■		2004年	渓谷、葡萄畑
	フランス	●サン・テミリオン管轄区			■	■			1999年	葡萄とワインの生産地

26

世界遺産学のすすめ―世界遺産が地域を拓く―

地域	国名	登録遺産名 (●文化遺産 ◎複合遺産)	登録基準 i	ii	iii	iv	v	vi	登録年	備考
ヨーロッパ	フランス	●シュリー・シュル・ロワールとシャロンヌの間のロワール渓谷	■	■		■			2000年	渓谷
	フランス/スペイン	◎ピレネー地方－ペルデュー山 (文化)(自然)			■□	■□	■		1997年/1999年	山岳風景、田園風景
	スペイン	●アランフエスの文化的景観		■		■			2001年	庭園
	ポルトガル	●シントラの文化的景観		■		■	■		1995年	町並み景観
	ポルトガル	●ワインの産地アルト・ドウロ地域			■	■	■		2001年	ワインの産地
	ポルトガル	●ピコ島の葡萄園文化の景観			■		■		2004年	葡萄畑
	イギリス	●ブレナヴォンの産業景観			■	■			2000年	産業景観
	イギリス	●王立植物園キュー・ガーデン		■	■	■			2003年	植物園、庭園
	オランダ	●ドローフマカライ・デ・ベームステル（ベームステル干拓地）	■	■		■			1999年	干拓地、農業
	スウェーデン	●エーランド島南部の農業景観				■	■		2000年	農業景観
	ノルウェー	●ヴェガオヤン-ヴェガ群島					■		2004年	農業、漁業
	ドイツ	●デッサウ-ヴェルリッツの庭園王国		■		■			2000年	庭園
	ドイツ	●ライン川上中流域の渓谷		■		■	■		2002年	渓谷、古城、葡萄畑
	ドイツ	●ドレスデンのエルベ渓谷		■	■	■	■		2004年	渓谷
	ドイツ/ポーランド	●ムスカウ公園/ムザコフスキー公園	■			■			2004年	公園、庭園
	ポーランド	●カルヴァリア ゼブジドフスカ: マンネリスト建築と公園景観それに巡礼公園		■		■			1999年	公園景観
	オーストリア	●ザルツカンマーグート地方のハルシュタットとダッハシュタインの文化的景観			■	■			1997年	自然景観、集落景観
	オーストリア	●ワッハウの文化的景観		■		■			2000年	農業景観
	オーストリア/ハンガリー	●フェルト・ノイジィードラーゼーの文化的景観					■		2001年	湖水地帯
	ハンガリー	●ホルトバージ国立公園-プスタ				■	■		1999年	大平原と湿地帯
	ハンガリー	●トカイ・ワイン地方の歴史的・文化的景観			■		■		2002年	ワインの産地、農業景観
	チェコ	●レドニツェとバルチツェの文化的景観	■	■		■			1996年	庭園
	リトアニア	●ケルナヴェ考古学遺跡（ケルナヴェ文化保護区）			■	■			2004年	遺跡
	リトアニア/ロシア	●クルシュ砂州					■		2000年	砂州
ラテンアメリカ・カリブ海地域	キューバ	●ヴィニャーレス渓谷				■			1999年	渓谷、農業景観
	キューバ	●キューバ南東部の最初のコーヒー農園の考古学的景観			■	■			2000年	考古学的景観
	アルゼンチン	●ウマワカの渓谷		■		■	■		2003年	渓谷、集落、道

27

バタムマリバ族の地 コウタマコウ（トーゴ）

カディーシャ渓谷（聖なる谷）と神の杉の森（ホルシュ・アルゼ・ラップ）
（レバノン）

世界遺産学のすすめ―世界遺産が地域を拓く―

オルホン渓谷の文化的景観（モンゴル）

コルディリェラ山脈の棚田（フィリピン）

紀伊山地の霊場と参詣道(日本)

アランフエスの文化的景観(スペイン)

トカイ・ワイン地方の歴史的・文化的景観（ハンガリー）

ヴィニャーレス渓谷（キューバ）

富士山と日本平の茶畑

瀬戸内海と日生諸島

世界遺産と鉄道遺産

センメリング鉄道(オーストリア共和国)

世界遺産

　2002年は、人類のかけがえのない自然遺産や文化遺産を保護する為の世界遺産条約が1972年11月に第17回ユネスコ（国連教育科学文化機関）総会で採択されて30周年、また、わが国が世界遺産条約を1992年6月に締結して10周年になる意義ある年でした。

　2002年6月24日から6月29日まで、ハンガリーの首都にあるブダペスト会議センターで、ユネスコの第26回世界遺産委員会が開催されました。

　この委員会では、ハンガリーの「トカイ・ワイン地域の文化的景観」、ドイツの「ライン川上中流域の渓谷」、インドの「ブッダ・ガヤのマハボディ寺院の建造物群」、アフガニスタンの「ジャムのミナレットと考古学遺跡」など8か国の9物件が新たにユネスコの「世界遺産リスト」に登録され、ユネスコ世界遺産は125か国の730物件（自然遺産が144物件、文化遺産が563物件、複合遺産が23物件）になりました。

　世界遺産は、毎年多様化しており、ユニークなものが多くなっています。第26回世界遺産委員会では、既に、1987年に文化遺産として世界遺産に登録されている「ブダペスト、ドナウ河岸とブダ城地区」（Budapest, the Banks of the Danube and the Buda Castle Quarter）の登録範囲が拡大され追加登録されました。1896年のハンガリー建国千年を記念して開業したブダペストの千年祭地下鉄とアンドラーシ通りがあげられます。

　本稿では、追加登録された「ブダペストの千年祭地下鉄」（Millennium Underground　以下　千年祭地下鉄）と、その他ユネスコ世界遺産に登録されているオーストリアの「センメリング鉄道」と、インドの「ダージリン・ヒマラヤ鉄道」について述べると共に、広く鉄道遺産について考察してみたいと思います。

千年祭地下鉄

　千年祭地下鉄は、ハンガリーの首都ブダペストのペスト地区を走る地下鉄1号線で、ハンガリー建国千年祭を記念する一環として1896年に開業したものです。

　本地下鉄は1863年に開業したロンドン地下鉄に次ぐ、ヨーロッパで2番目の地下鉄で（ヨーロッパ大陸では最古）であり、世界で初めて電車を使用した地下鉄です。

　地元の人々は、この千年祭地下鉄のことを「小さな地下鉄」と呼んでおり、ハンガリー人が誇りとするものの一つです。

　この地下鉄は、近代化社会の要求に応える為、当時の最新技術を結集した都市づくりの一つで、古き良き時代を思い起こさせる歴史的な雰囲気が充満しています。

　地下鉄の駅の壁を覆っていた古い褐色と白色のタイルは、1995年に全面的に修復され、タイルが張り替えられました。

　古い木のパネルで出来た低床式の小型車両は、1970年代に取り替えられましたが、当時使われていた1896年製の車両等6両の実物や各種資料が、地下鉄のデアーク・テール駅の地下コンコースにある地下鉄博物館に展示されています。

1896年に開業した地下鉄は、その後の世界の都市で相次いだ地下鉄建設の技術的な解決を図っていく上での先駆となりました。

　ドイツのベルリンに本拠を置く電機会社のジーメンス・ハルスケ（1847年の創立）が先駆的なプロジェクトを計画し、建設は、ブダペストの企業家の協力で、1年余りで完成しました。

　地下鉄建設の事業は、偶然なことからはじまりました。ブダペストは、千年祭博覧会を準備しており、それは、1896年のハンガリーの千年祭の最も重要なイベントとして位置づけられていました。

　博覧会会場は、ハンガリー建国千年を記念してつくられたブダペスト最大の広場である英雄広場の裏手の市民公園に設けられました。そこに集まる観光客を輸送する方策として、エルジェーベト広場から英雄広場まで真っ直ぐに延びるアンドラーシ通り（1872～85年に当時の首相デューラ・アンドラーシによってつくられた）での交通手段が模索されていました。

　当初、鉄道、或は、市街電車を造るなどの案がありましたが、これらは美しいアンドラーシ通りの景観を台無しにするということで却下され、市街電車線路協会の管理責任者であったバラシュ・モールは、新しい街路の品位と優美さを妨げない地下鉄を建設するアイデアを提案したのです。

　地下鉄の建設は、トンネルの両端からスタートし、1年で貫通しました。当初線路は、今日のヴォロシュマルティ広場（当時のギゼラ広場）からセーチェニ温泉までの全長が3.7kmで、その内の3.2kmは、地下に掘った小型断面のトンネルでした。

　最初の乗客は、1867年に成立したオーストリア・ハンガリー帝国の君主とハンガリー国王を長年務めたハプスブルク「最後」の皇帝、フランツ・ヨーゼフ（1830～1916年）でした。

　1896年5月8日に建国千年祭博覧会に出席する一方で、彼は新地下鉄を訪問し、この地下鉄にすっかり魅了された。千年祭地下鉄は、彼の名前に因んで、第2次世界大戦の終わりまで、公式には、フランツ・ヨーゼフ地下電気鉄道と呼ばれていました。

　ハンガリー国王の「王室の客車」である「車両ナンバー20」は、豪華に装飾され、時々、公共の為に使用されました。戦後も1955年に引退するまで、正規のサービスを続けました。今はその小さな車両は、地下鉄博物館に展示されています。

　輸送乗客数は、開業初年は1800万人に達した。交通量の増加や近代化などにより1973年には、メキシコーイウートまで延伸されました。1970年に地下鉄2号線（東西線）が開業するまで、千年祭地下鉄（地下鉄1号線）は、ブダペストで唯一の地下鉄でした。

　その後、ブダペストの地下鉄は、1976年に地下鉄3号線（南北線）開業、1998年には、地下鉄4号線の建設工事が開始され、2003年に開通しました。

　今日、「小さな地下鉄」はブダペストの公共交通の主役ではなくなりましたが、観光の目玉として輝き続けています。冒頭でも述べたように、2002年の世界遺産会議で、アンドラーシ通りと共にユネスコの「世界遺産リスト」に追加登録されました。

　因みに、日本で最初の地下鉄は、昭和2年（1927年）12月30日に開通しています。現代では「地下鉄の父」と呼ばれる早川徳次（1881～1942年）が設立した東京地下鉄道株式会社によるも

ので、上野－浅草間（現在の銀座線）の2.2kmです。

センメリング鉄道

　オーストリアのセンメリング鉄道（Semmering Railway）は、1998年にユネスコの世界遺産に文化遺産として登録されました。これはウィーンの森の南方のニーダエステライヒ州にある山岳鉄道です。

　センメリング鉄道は、1848年～1854年にかけて、エンジニアのカール・リッター・フォン・ゲーガ（1802～1860年）の指揮のもとに建設された。センメリング鉄道は、ミュルツツシュラーク（グラーツ方面）とグロックニッツ（ウィーン方面）の間の41kmを切り立った岩壁と深い森や谷を縫って走る。

　ヨーロッパの鉄道建設史の中でも画期的な存在で、土木技術の偉業の一つと言える産業遺産といえます。

　当時は、標高995mのセンメリング峠を超えるのは、物理的にも困難だったが、勾配がきつい山腹をS字線やオメガ線のカーブで辿ることにより、また、センメリング・トンネル（延長1.5km、標高898m）を通したり、クラウゼルクラウゼ橋やカルテリンネ橋など二段構えの高架の石造橋を架けることによって、それを解決しました。

　この鉄道の開通によって、人々は、シュネーベルク（2076m）やホーエ・ヴァント（1132m）などダイナミックな山岳のパノラマ景観や自然の美しさを車窓から眺めることができるようになりました。

　また、かつては、貴族や上流階級のサロンであったジュードバーン、パンハンス、エルツヘルツォーグヨハンなど由緒あるホテルの遠景も、新しい形態の文化的景観を創出しています。

ダージリン・ヒマラヤ鉄道

　インドのダージリン・ヒマラヤ鉄道（Darjeeling Himalayan Railway）は、1999年にユネスコの世界遺産に文化遺産として登録された。本鉄道はインド北部のネパール国境とブータンの近くを走る1881年に開通した世界最古の山岳鉄道です。

　ダージリン・ヒマラヤ鉄道は、西ベンガル州で最も人気の高い標高2134mの高原リゾート地で紅茶の産地としても知られるダージリンと、始発駅のニュー・ジャルパイグリ駅とを結ぶ全長83kmの鉄道です。

　この鉄道は、急勾配や急カーブなどにも小回りが利くように線路の幅が2フィート（61㎝）と狭いのが特徴で、トイ・トレイン（おもちゃの列車）と呼ばれています。

　1919年に造られたこのトイ・トレインは、2000m以上の標高差を石炭をくべる小さな蒸気エンジンで牽引する機関車で、その高い技術で世界的な名声を博した産業遺産です。

　トンネルのないこの鉄道は、美しいダージリン丘陵とカンチェンジュンガ（8586m）の山々などヒマラヤ山脈のすばらしい自然景観と共に旅行者の目を楽しませています。

　熱心な鉄道ファンにとって、インドへの旅は、このユニークなトイ・トレインに乗ることな

くしては語れません。しかし、全機関車のディーゼル化が進み、トイ・トレインは姿を消しつつあります。

そのほかの鉄道遺産

　これで、ユネスコの「世界遺産リスト」に登録されている鉄道遺産は3物件になりました。いずれも文化遺産として登録されており、これらに共通するのは、六つの文化遺産の登録基準のうち、次の二つが適用されたことです。

　（ⅱ）ある期間を通じて、または、ある文化圏において、建築、技術、記念碑的芸術、町並み計画、景観デザインの発展に関し、人類の価値の重要な交流を示すもの。
　（ⅳ）人類の歴史上重要な時代を例証する、ある形式の造造物、建築物群、技術の集積、または、景観の顕著な例。
　（ⅱ）（ⅳ）の二つの登録基準が適用されていることです。

　鉄道遺産（Railways Heritage）とは、鉄道と関わりのあるモニュメントで、線路、トンネル、橋梁などの土木施設、駅舎やその付属施設、変電所、鉄道工場などの建造物、それに鉄道車両などが含まれます。

　今後、5～10年に「世界遺産リスト」に登録する予定の「暫定リスト」に登録されている鉄道遺産としては、イギリスのグレイト・ウエスタン鉄道のパディントン・ブリストル間（The Great Western Railway：Paddington-Bristol）、それに、シベリア横断鉄道が通るロシア連邦クラスノヤルスクのエニセイ川にかかる同鉄道最初の鉄道橋（The First Railway Bridge over Yenissey River）などがあります。

　また、鉄道遺産には、このほかにも、世界一の輸送人員を誇るロシア連邦のモスクワ地下鉄（The Moscow Underground）、アメリカ最初の鉄道、ボルチモア・オハイオ鉄道（The Baltimore & Ohio）、オーストラリアのスイッチバック式のグレート・ジグ・ザグ鉄道（The Great Zig Zag）、イギリスの世界初のリバプール・マンチェスター鉄道（スティーブンソンのロケット号が走った鉄道）（The Liverpool & Manchester Railway）なども、将来的には、世界遺産の有力候補になるものと思われます。

日本の鉄道遺産

　日本には、現在、「白神山地」、「日光の社寺」、「白川郷・五箇山の合掌造り集落」、「古都京都の文化財」、「法隆寺地域の仏教建造物」、「古都奈良の文化財」、「紀伊山地の霊場と参詣道」、「姫路城」、「広島の平和記念碑（原爆ドーム）」、「厳島神社」、「屋久島」、「琉球王国のグスク及び関連遺産群」の12の世界遺産があります。

　また、暫定リストには、文化遺産関係では、「古都鎌倉の寺院・神社ほか」、「彦根城」、「平泉の文化遺産」、「石見銀山遺跡」の4物件があり、今後、文化的景観や産業遺産などの登録も期待されており、いずれ鉄道遺産も候補になるものと思われます。

　日本の鉄道は、1872年（明治5年）10月14日に新橋～横浜間（29km）が開通し蒸気機関車を走らせたのが始まりで、2002年に130周年を迎えました。

　わが国の130年の鉄道の歴史の中で、鉄道遺産としては、まず、国の重要文化財に指定されている群馬県の碓井峠鉄道施設が挙げられよう。旧信越本線の群馬県の松井田と長野県の軽井沢

の間にあって、煉瓦造の橋梁5基、隧道10基、変電所2棟等からなり、橋梁・隧道は、明治26年鉄道開通時（橋梁は明治29年に補強）、路線には、碓氷峠越えの急勾配を克服するアプト式が用いられていました。

　その他列挙すると、根北線（北海道）、士幌線（北海道）、青函トンネル（北海道～青森県）、大井川鉄道（静岡県）、天竜浜名湖鉄道（静岡県）、旧耶馬渓鉄道（大分県）や、新幹線などがあるが、なかでも、新幹線と青函トンネルは、最たるものだと思います。

　新幹線（The Shinkansen）は、日本の主要都市を結ぶ標準軌間の超高速鉄道である。東海道新幹線は、1964年10月に東京オリンピックの開催に合わせて、最高時速200kmを常時維持し、東京駅と新大阪駅を約3時間で結ぶ世界最高速の鉄道として華々しく開業しました。

　新幹線の開発、そして、誕生までの関係者の努力は、並大抵のものではなかったであろうし、その高速性、安全性、定時性、そして、大量輸送能力は、「顕著な普遍的価値」（Outstanding Universal Value）を有するものであり、対外的にも認められています。

　青函トンネル（The Seikan Tunnel）は、1988年に開通した津軽海峡線のトンネルで、海底部23.3kmを含めて全長は53.9kmあり、現在のところ、世界で一番長いトンネルです。（1994年に開通したイギリスとフランスとを繋ぐドーバー海峡トンネルは、50.5km）。この青函トンネルも世界に誇れる鉄道遺産のひとつといえます。

　世界遺産は、年々多様化しており、前述した通り、鉄道遺産が登録されたり、候補に挙がったりしています。わが国の誇れる鉄道遺産の代表格ともいえる新幹線や青函トンネルの世界遺産化の実現も決して夢ではないと思います。

参考文献
- 「世界遺産ガイド－図表で見るユネスコの世界遺産編－」（2004年12月）
- 「世界遺産ガイド－世界遺産の基礎知識編－」（2004年10月）
- 「世界遺産データ・ブック－2003年版－」（2002年7月）
- 「世界遺産ガイド－19世紀と20世紀の世界遺産－」（2002年7月）
- 「世界遺産ガイド－産業・技術編－」（2001年3月）
- 「世界遺産ガイド－産業遺産編－保存と活用」（2005年4月）
- 「世界遺産フォトス－写真で見るユネスコの世界遺産－」（1999年8月）
- 「世界遺産フォトス－多様な世界遺産－第2集」（2002年1月）
- 「誇れる郷土データ・ブック－全国47都道府県の概要－2004改訂版」（2003年12月）
（シンクタンクせとうち総合研究機構　発行）

本稿は、社団法人土木学会発行の土木学会誌第88巻第2号（2003年2月15日発行）に掲載された古田陽久の論稿「世界遺産と鉄道遺産」を基に、加筆したものです。

ダージリン・ヒマラヤ鉄道のトイ・トレイン

ブダペストの小さな地下鉄

北東アジア地域の世界遺産を通じた観光交流を考える

古都京都の文化財　東寺（日本）

はじめに

　本稿では、北東アジア地域の世界遺産を通じた観光交流について考えてみたいと思います。わが国と歴史的に関わりの深い「北東アジア」、地球と人類の至宝で内外に誇れる「世界遺産」、今後、ますます盛んになる国際的な「観光交流」、これらの3つのキーワードを切り口に、この地域の持続ある発展の方法論の一つとして提言を試みたいと思います。

世界遺産とは

　世界遺産とは、人類の英知と人間活動の所産を様々な形で語り続ける顕著な普遍的価値をもつ遺跡、建造物群、モニュメントなどの文化遺産、そして、地球上の顕著な普遍的価値をもつ地形・地質、生態系、自然景観、生物多様性などの自然遺産からなっています。

　これらを保護・保全することにより、かけがえのない人類共通の遺産を後世に継承していくことを目的に、1972年のユネスコ総会で「世界の文化遺産及び自然遺産の保護に関する条約」（通称　世界遺産条約　2005年4月現在の締約国は1807か国）が採択された。この条約に基づき、「世界遺産リスト」に登録されている物件を、世界遺産といいます。

　世界遺産条約とは、地球上のかけがえのない自然遺産や文化遺産を、人類全体の財産として、損傷、破壊等の脅威から保護・保存することが重要であるとの観点から、国際的な協力および援助の体制を確立することを本旨としています。

　世界遺産条約締約国から選ばれた21か国で構成する第27回世界遺産委員会が2003年6月30日から7月5日までパリのユネスコ本部で開催され、アフガニスタンの「バーミヤン渓谷の文化的景観と考古学遺跡」、イラクの「アッシュル（カルア・シルカ）」、中国の「雲南保護地域の三江併流」、ロシアとモンゴルの二か国にまたがる「ウフス・ヌール盆地」など24か国の24物件が、新たにユネスコの「世界遺産リスト」に登録され、2003年7月現在、世界遺産の数は、129か国の754物件になりました。

　遺産種別では、自然遺産が149物件、文化遺産が582物件、自然遺産と文化遺産の両方の登録基準を満たす複合遺産が23物件です。

　このうち、地震、火災、水害、戦争や紛争、それに、無秩序な開発行為などで緊急の救済措置が求められる「危機にさらされている世界遺産リスト」には、今回は、緊急登録されたアフガニスタンの「バーミヤン渓谷の文化的景観と考古学遺跡」、イラクの「アッシュル（カルア・シルカ）」、ネパールの「カトマンス渓谷」などの5物件が新たに加わり、2003年7月現在、29の国と地域にわたって自然遺産が18物件、文化遺産が17物件の合計35物件が登録されています。

北東アジアの世界遺産の現状

　北東アジア、すなわち、中華人民共和国（以下　中国）、大韓民国（以下　韓国）、日本、ロシア連邦（以下　ロシア）極東地域、モンゴル国（以下　モンゴル）、朝鮮民主主義人民共和国（以下　北朝鮮）、台湾の世界遺産の現状について、概観してみたいと思います。

中国は、1985年12月12日に世界遺産条約を締約し、世界遺産の数は、現在、「九寨溝風景名勝区」などの自然遺産が4物件、「万里の長城」などの文化遺産が21物件、「黄山」などの複合遺産が4物件の合計29物件で、数の上では、スペインの38物件、イタリアの37物件に次いで、世界第3位で、アジア・太平洋地域では、ナンバーワンを誇っています。

韓国は、1988年9月14日に世界遺産条約を締約し、「石窟庵と仏国寺」、「宗廟」などの文化遺産が7物件で、合計7物件です。

日本は、1992年6月30日に世界遺産条約を締約し、「白神山地」、「屋久島」の自然遺産が2物件、「古都京都の文化財」などの文化遺産が9物件の合計11物件です。

ロシアは、1988年10月12日に世界遺産条約を締約し、自然遺産が7物件、文化遺産が12物件の合計19物件で、ロシア極東地域については、「シホテ・アリン山脈中央部」と「カムチャッカの火山群」の自然遺産が2物件で、合計2物件です。

モンゴルは、1990年2月2日に世界遺産条約を締約し、前記の「ウフス・ヌール盆地」の自然遺産が1物件で、合計1物件です。

北朝鮮は、1998年7月21日に世界遺産条約を締約したが、登録物件は、まだありません。

台湾は、世界遺産条約を締約していない為、登録物件はないが、台湾からの世界遺産を待望する動きが活発になっています。

北東アジアの世界遺産の数は、自然遺産が9物件、文化遺産が37物件、複合遺産が4物件の合計50物件で、世界的に見ると、6.6％です。

北東アジアの世界遺産の今後

第28回世界遺産委員会は、2004年6月28日から7月7日まで、中国の蘇州で開催されます。北東アジア地域での開催は2回目で、1998年11月に日本の京都市で開催された第22回世界遺産委員会以来6年ぶりです。世界遺産委員会の委員は、現在、アルゼンチン、中国、コロンビア、エジプト、レバノン、ナイジェリア、オーマン、ポルトガル、ロシア、セントルシア、南アフリカ、イギリス、チリ、インド、クウェート、ニュージーランド、ベニン、日本、リトアニア、オランダ、ノルウェーの21か国から構成され、中国が議長国を務めています。

日本は、2003年10月の第32回ユネスコ総会で、2回目の委員国（任期は、2009年第35回ユネスコ総会の会期終了まで）に選任されています。

新たな世界遺産については、世界遺産条約締約国から推薦され、IUCN（国際自然連合）やICOMOS（国際記念物会議）によって評価された物件について登録の可否が決まります。

北東アジアについては、中国からは、「高句麗の古代都市や皇族と貴族の古墳群」、日本からは、「紀伊山地の霊場と参詣道」が候補にあがっています。北朝鮮の「高句麗の古墳群」については、2003年にパリで開催された第27回世界遺産委員会で、真正性についての再評価、保全状

況、国境をはさんで、中国側の「高句麗の古代都市や皇族と貴族の古墳群」を含めた登録範囲の見直しなどの課題があり、登録が見送りになった経緯があり、2物件として登録されるのか、国境をまたぐ1物件として登録されるのか注目されています。

今後、世界遺産に推薦予定の候補物件である暫定リストには、中国が50余物件、韓国が8物件、日本が6物件、モンゴルが8物件、北朝鮮が7物件と、数多くの物件がノミネートされており、世界遺産の数は、年々増えていくのは確実です。

多様化する世界遺産

世界遺産は、国と地域もさることながら、雄大な自然景観や悠久の歴史を誇る古代遺跡から、橋、運河、鉄道などの「産業遺産」、棚田、庭園、信仰の道など人間と自然環境との共同作品ともいえる「文化的景観」（Cultural Landscape）に至るまで、その対象は多様化しています。

世界遺産に登録される物件は、顕著な普遍的価値を有するものばかりですが、一般的に知名度が高いものばかりかというと、必ずしもそうではありません。

世界遺産に登録されることにより、メディアなどを通じて国際的な知名度も高まり、新たな観光資源として脚光を浴びることも少なくなく、新資源発見の可能性も秘めています。

世界遺産と観光

「世界遺産」という言葉は、メディアで取り上げられることも多くなり、日本においても人類共通の財産であるとの認知度も高くなっています。

世界遺産は、民族、人種、言語、宗教、思想などが異なる多様な国際社会で、これらの違いを越えて人類が共有できる数少ない普遍的な価値概念です。

世界遺産は、推薦や登録することが唯一の目的ではなく、その地域の普遍的な価値を人類全体の遺産として将来にわたり保全していくことが目的であることを忘れてはならないと思います。

世界遺産は、推薦や登録をゴールとするのではなく、関係行政機関や地元住民などが一体となって、登録後も、長期間にわたる保護管理やモニタリングに尽力していくことが重要です。

従って、目先の利益や不利益などのメリットやデメリットを本来論ずるべきものではありませんが、地球と人類の至宝であるユネスコの世界遺産になることによって、観光客数の増加、これに伴う観光収入の増加、雇用の増加、税収の増加など、地元や周辺の市町村にも地域効果が波及します。

世界遺産を取り巻く観光の脅威

一方、このことによって、新たに発生している問題もあります。世界遺産地では、観光客を無制限に受け入れるわけにもいかず、オーバーユース（過剰利用）など、あらゆるツーリズ

ム・プレッシャーに対する危機管理対応策を、中長期的な管理計画として作成しておく必要があります。

　具体的には、どこの観光地にも共通することですが、

観光客のマナーの問題として、
①ゴミの投げ捨て　②立小便　③自生植物の踏み荒らし　④禁止場所でのたき火や釣り、植物採取などの違反行為　⑤民家の覗き見、

受け入れ側の問題として、
①交通渋滞　②ガイドの不足（外国人への対応も含めて）　③宿泊施設などの受け入れ施設不足、

総体として、
①自動車の排ガス、ゴミ、し尿などの環境問題　②新たな宿泊施設などの建設に伴う景観問題
などが、国内外の各地で問題になっています。

　筆者は、2003年9月に、中国の重慶市にある世界遺産、「大足石刻」（文化遺産・1999年登録）、それに、暫定リストに登録されている中国の全国重点風景名勝区であり、国家級森林公園、国家級自然保護区、全国首批重点科普教育基地でもある「金佛山」の現地調査を西南師範大学（重慶市北碚区）の研究者と共に行いました。

　世界遺産地にある重慶大足石刻美術博物館の専門家とは、世界遺産登録後に生じた問題点や課題を、そして、これから世界遺産登録に向けて環境整備を進める地元自治体の南川市人民政府の関係者とは、金佛山が抱える保護管理上の問題点やまちづくりの課題などについて議論しました。
　それぞれに固有の問題点や課題はあるものの、両者に共通する点は、前述した観光客のマナーや受け入れ体制など、ツーリズム・プレッシャーに関する事柄でした。

　これらの地が持続可能な観光の発展を計っていく場合、上記のような問題を解決する科学的な保護管理のモデルを提示し、実験と改善を重ねることによって、世界的にも通用する理想的な保護管理システムを構築する必要があります。

北東アジアの世界遺産を通じた観光交流を考える

　それでは、本稿の主題である、北東アジアの世界遺産を通じた観光交流について考えてみたいと思います。

①世界遺産iセンターの設置

　世界遺産は、観光振興を目的として登録されているわけではありませんが、地球と人類の至宝である世界遺産を、実際に見て学べる機会を提供することは重要です。そこで、何故に世界遺産として評価されたのかなどが学べる情報空間としての「世界遺産iセンター」をそれぞれの世界遺産地に設けることを提案したいと思います。

自然遺産の場合、日本では、白神山地に、「白神山地世界遺産センター」、屋久島には、「屋久島世界遺産センター」があり、わが国として、一つのモデルを提示できます。

　しかしながら、文化遺産の場合には、博物館、美術館、資料館などがそれぞれにはあるが、各地でバラバラであるのが現状で、特に世界遺産登録地が点在している場合には、それらを総体として解説する施設や情報コーナーが必要であるように思います。

　「観光」という概念も、これまでの「国の光を観る」観光だけではなく「国の光を学ぶ」観光という考え方を重視してはどうかと思います。

②北東アジア世界遺産憲章の制定

　世界遺産地は、世界遺産化に伴う観光客の増加により、心ない観光客のモラル・リスクなど数々の脅威にさらされています。どの世界遺産地にも共通する「世界遺産憲章」や「モラル・コード」を制定してはどうかと思います。

③世界遺産地の人と伝統文化にもふれあえる機会を

　これまでの、自然環境や文化財など有形な物主体の観光形態から、その国や土地の伝統文化や民俗芸能についても知ることが出来る時間や場所を確保し、人間的なふれあいの機会を設けてはどうかと思います。例えば、中国については、「昆劇」、「古琴」、韓国については、「パンソリ」、日本については、「能楽」、「人形浄瑠璃文楽」、モンゴルについては、「馬頭琴」などの無形文化遺産です。

④国境を越えたテーマ別のヘリティッジ・ツーリズム

　北東アジアの自然環境や文化財を体系的に学べる観光ルートの設計です。例えば、自然遺産については、北東アジアの地形・地質、生態系、自然景観、生物多様性を学べるエコ・ツーリズムであり、文化遺産については、シルクロードや仏教伝来の道などを訪ねるカルチュラル・ツーリズムなどです。

⑤共通の問題解決に向けての取り組み

　世界遺産の保護、保全に関するネットワークは、ユネスコ、UNITAR（国連訓練調査事務所）などの国連機関やACCU（ユネスコ・アジア文化センター）、IUCN（国際自然保護連合）、ICOMOS（国際記念物遺跡会議）などの国際NGOによって形成されつつある。観光の視点からも、WTO（世界観光機関）、TPO（アジア太平洋都市観光振興機構）の様な国際機関が中心となった北東アジアの国際ネットワークが必要だと思います。

北東アジアの持続可能な観光の発展と観光交流圏の形成に向けて

　北東アジアを構成する国や地域の広域連携を図り、一体的な発展が出来れば理想的ですが、現実には、社会システム、言語、通貨なども異なります。しかしながら、この地域が平和で安全であると共に、各国民が豊かで幸せな共栄圏を形成していくことに誰も異論はないでしょう。

世界的に見ても、北東アジアにおける人類にとってかけがえのない自然環境や文化財が、より多くユネスコの「世界遺産リスト」に登録されること、そして、それらを保護、保存し、国際的な協力及び援助の体制を確立すること、一方、世界中からより多くの観光客がこの地域を訪問し、これらを見学できる機会や仕組みを作ることも必要でしょう。

　これらの共通の課題と問題の解決に向けて、北東アジア地域間の交流・連携を促進させ、地域の振興、経済の活性化に貢献し、結果的に「観光立国」への道につながればこの上ないと思います。

参考文献
- 「世界遺産ガイドー北東アジア編ー」（2004年3月）
- 「世界遺産データ・ブックー2005年版ー」（2004年7月）
- 「世界遺産ガイドー危機遺産編ー2004改訂版」（2003年11月）
- 「世界遺産ガイドー中国編ー」（2005年1月）
- 「誇れる郷土ガイドー全国47都道府県の観光データ編ー」（2003年4月）
- 「環日本海エリア・ガイド」（2000年6月）
（シンクタンクせとうち総合研究機構　発行）

本稿は、環日本海アカデミック・フォーラム発行の「北東アジア・アカデミック・フォーラム2004 in 京都」（2004年3月13日）の資料集に掲載された古田陽久の論稿「北東アジア地域の世界遺産を通じた観光交流を考える」を基に、加筆したものです。

高句麗古墳群　安岳1号墳

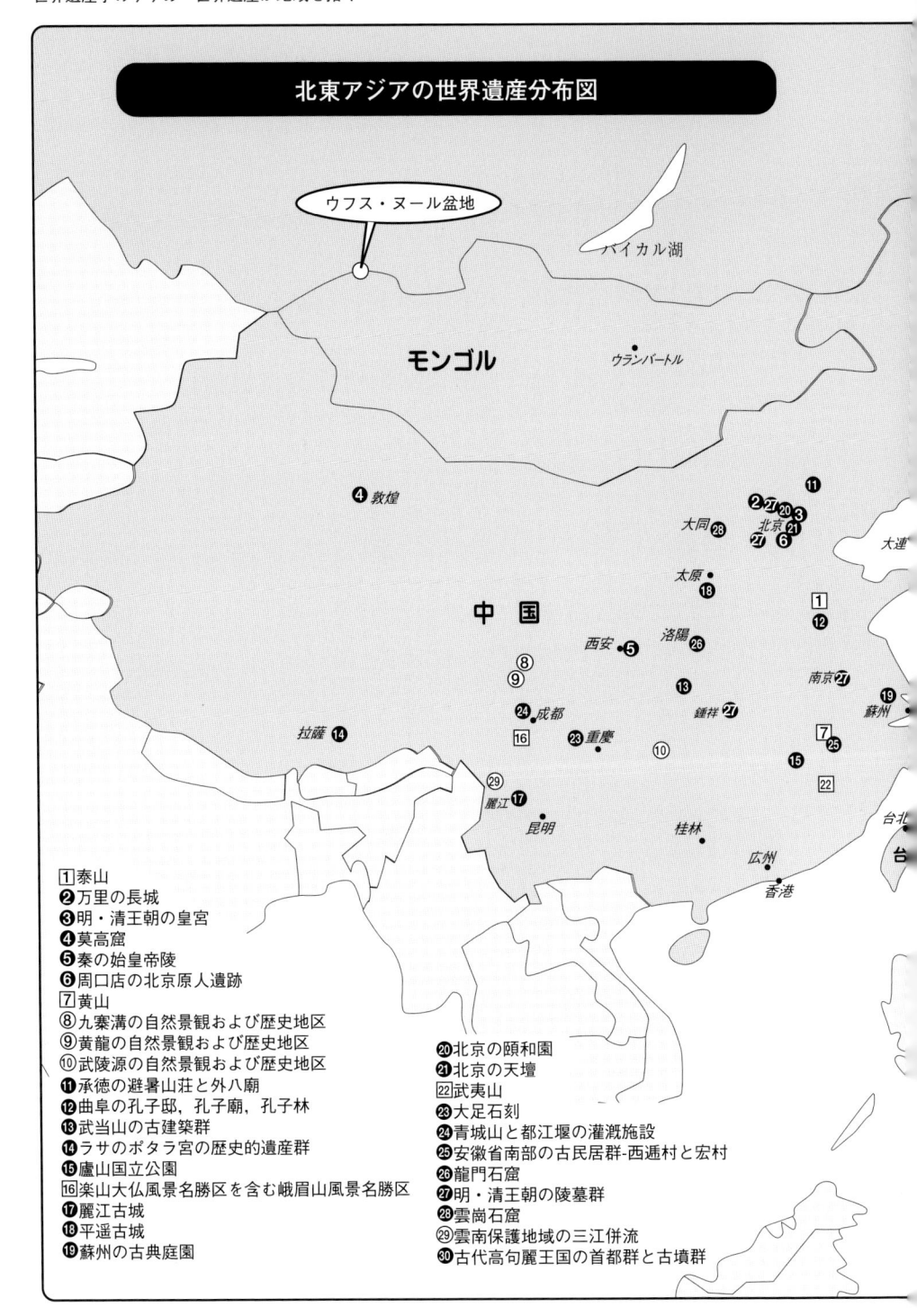

世界遺産学のすすめ－世界遺産が地域を拓く－

北東アジアの世界遺産分布図

ウフス・ヌール盆地
バイカル湖
モンゴル
ウランバートル
❹敦煌
中　国
大同 ❷❸
❷⓴❸
北京 ㉑
❷㉗❻
大連
太原
⓲
［1］
西安 ❺
洛陽 ㉖
鍾祥 ㉗
南京 ㉗
⓲
⑧
⑬
［7］
⓳
蘇州
⑨
㉔ 成都
⑯ ㉓ 重慶
㉕
拉薩 ⓮
⑮
［22］
⑩
㉙ ⓱
麗江
台北
台
昆明
桂林
広州
香港

［1］泰山
❷万里の長城
❸明・清王朝の皇宮
❹莫高窟
❺秦の始皇帝陵
❻周口店の北京原人遺跡
［7］黄山
⑧九寨溝の自然景観および歴史地区
⑨黄龍の自然景観および歴史地区
⑩武陵源の自然景観および歴史地区
⑪承徳の避暑山荘と外八廟
⑫曲阜の孔子邸，孔子廟，孔子林
⑬武当山の古建築群
⓮ラサのポタラ宮の歴史的遺産群
⑮廬山国立公園
⑯楽山大仏風景名勝区を含む峨眉山風景名勝区
⓱麗江古城
⓲平遥古城
⓳蘇州の古典庭園
⓴北京の頤和園
㉑北京の天壇
㉒武夷山
㉓大足石刻
㉔青城山と都江堰の灌漑施設
㉕安徽省南部の古民居群-西逓村と宏村
㉖龍門石窟
㉗明・清王朝の陵墓群
㉘雲崗石窟
㉙雲南保護地域の三江併流
㉚古代高句麗王国の首都群と古墳群

50

世界遺産学のすすめ－世界遺産が地域を拓く－

日本
❶ 法隆寺地域の仏教建造物
❷ 姫路城
❸ 屋久島
❹ 白神山地
❺ 古都京都の文化財（京都市，宇治市，大津市）
❻ 白川郷・五箇山の合掌造り集落
❼ 広島の平和記念碑（原爆ドーム）
❽ 厳島神社
❾ 古都奈良の文化財
❿ 日光の社寺
⓫ 琉球王国のグスク及び関連遺産群
⓬ 紀伊山地の霊場と参詣道

北朝鮮
❶ 高句麗古墳群

韓国
❶ 石窟庵と仏国寺
❷ 八萬大蔵経のある伽倻山海印寺
❸ 宗廟
❹ 昌徳宮
❺ 水原の華城
❻ 慶州の歴史地域
❼ 高敞，和順，江華の支石墓

● 文化遺産
○ 自然遺産
□ 複合遺産

（2005年4月現在）

出所：「世界遺産ガイド－北東アジア編－」（シンクタンクせとうち総合研究機構 発行）

51

世界遺産と国立公園

西南師範大学図書館講堂で王連勇教授との共同授業

はじめに

日本からまいりました古田陽久と申します。この度は貴大学の王連勇先生が、「国立公園実験室」研究プログラムを立ち上げられる一環として、私に招聘の要請があったものです。

私は、ここ10年間、ユネスコの世界遺産の研究を行っています。この関係から世界遺産に関する本を数多く出版しており、またホームページも開設しておりますので、それが先生のお目にとまったものと思います。

本日の特別講義のテーマは、「国立公園と世界遺産」ですので、これから話を進めていきますが、話をお聞きになられれば、何故に、王連勇先生が、私の研究の一端を必要とされるのかがおわかりになると思います。

ユネスコの世界遺産について

ユネスコとは、国際連合の教育科学文化機関のことで、パリに本部があります。教育、科学、文化を通じて世界の平和と人類の福祉に貢献することを目的として、1946年に設立されました。2003年9月現在、世界の189国が加盟しています。

ユネスコの文化活動の事業の一つに、世界遺産というプロジェクトがあります。世界遺産とは、世界遺産条約（2003年9月現在の締約国の数は176か国）に基づいて、世界的に顕著な普遍的価値（Outstanding Universal Value）を有する遺跡、建造物群、記念工作物の文化遺産、また、自然や生態系などの自然遺産を人類共通の財産として、あらゆる脅威から保護、保存する為に、「世界遺産リスト」に登録された物件をいいます。

2003年9月現在、ユネスコの世界遺産は、世界の129か国に754物件あります。自然遺産が149物件、文化遺産が582物件、自然遺産と文化遺産の両方の基準を満たす複合遺産が23物件です。

地域別に見ると、アジア太平洋地域が24か国148物件、アラブ諸国が13か国57物件、アフリカが24か国60物件、ヨーロッパ北米が44か国383物件、ラテンアメリカカリブ海地域が24か国107物件です。

世界遺産が多い国を国別に見ると、スペインが一番多く38物件あります。次がイタリアで37物件、次が中国で29物件、中国は世界で3番目に世界遺産の多い国ということになります。4番目がフランスで28物件、5番目がドイツで27物件、6番目がイギリスで25物件、7番目がインドで24物件、8番目がメキシコで23物件、9番目がアメリカ合衆国で20物件、10番目がロシアで19物件です。世界遺産は、国で数を競う趣旨のものではありませんが、統計上ではその様になっています。因みに私の国、日本の場合は、18番目で11物件しかありません。

世界遺産と国立公園について

754ある世界遺産も多様です。自然遺産では、氷河、山岳、森林、峡谷、渓谷、湖、滝、海岸、岬、島、珊瑚礁、カルスト、鍾乳洞、化石、文化遺産では、人類遺跡、古代都市遺跡、考古学遺跡、石窟、岩画、城塞、城壁、城、墓、廟、歴史都市、歴史地区、旧市街、聖堂、教会、修

道院、寺院、神社、宮殿、庭園、温泉、橋、風車、運河、鉄道、集落、棚田、鉱山、製鉄所、製材製紙工場、塩坑、孤児院、病院、植物園、音楽堂、記念館、大学、バウハウスなど歴史、形状、態様は様々で多様性に富んでいます。

　大学では、アメリカのヴァージニア大学、ヴェネズエラの大学都市カラカス、スペインのアルカラデエナレスが登録されています。

　ヴァージニア大学は、第3代アメリカ大統領で、アメリカの独立宣言の文案を作成したトーマスジェファーソンが1825年に開校、建物の建築は、古代ギリシャ、ローマ様式が採用された、古い歴史と風格がある、大変美しい建築物です。

　大学都市カラカスは、首都カラカス郊外のリベルタドール市にあるヴェネズエラ中央大学の1940年から1960年にかけての学園都市づくり、なかでも、その設計、現代建築、モニュメントなどが高く評価されました。

　アルカラデエナレスは、スペインの首都マドリッドの西約30kmにあります。大学の中心地として設計され建設された世界最初の都市で、その後、ヨーロッパやアメリカの学問の中心のモデルとなりました。

　西南師範大学のキャンパスも何十年か後に世界遺産に登録されるかもしれません。その頃、私は生きているかどうかもわからず、わかりません。

　世界遺産に登録される為には、3つの要件を満たす必要があります。

　一つは、他に類例がない顕著な普遍的価値を有することです。その物件そのものの真正性（Authenticity）と完全性（Integrity）が求められます。

　二つは、ユネスコが設ける世界遺産の登録基準を満たすかどうかです。自然遺産には4つの、文化遺産には6つの登録基準があります。

　三つは、世界遺産になってからも恒久的な保護管理措置が計れるどうか、国内法上の法的措置が講じられているか、また、中長期的な保護管理計画があるかどうか、また、管理体制がしっかりしているかどうかなどが厳しくチェックされます。

　世界遺産は、多国間の世界遺産条約に基づくものですから、世界遺産の登録申請は、各締約国からなされる政府推薦のものであり、地方自治体や民間が直接、ユネスコに登録推薦することは出来ません。

　従って、各締約国共、自国の優れた文化財や自然環境をユネスコに推薦する場合、その国を代表するもの、また、その国が既に国宝や国立公園など保存、保護の対象として指定、或は、認定しているものを優先するのは自明の理です。

　754ある世界遺産のうち、登録遺産名に国立公園という表記があるものもたくさんあります。私が書いた「世界遺産ガイド—国立公園編—」というブックレットで紹介しておりますが、アメリカのヨセミテ国立公園、ヴェネズエラのカナイマ国立公園、アルゼンチンとブラジルにま

たがるイグアス国立公園、ニジェールのW国立公園、ケニアのツルカナ湖の国立公園群、ニュージーランドのトンガリロ国立公園などがあります。

このほかにも登録物件名に国立公園という名前がつかなくても、登録範囲に国立公園が含まれているものが数多くあります。

一般的に、国立公園という名前がつくものは、自然公園を中心とする自然遺産がほとんどですが、なかには、チリのラパヌイ国立公園、メキシコのパレンケ古代都市と国立公園、セントキッツネイヴィースのブリムストンヒル要塞国立公園、ハンガリーのホルトバージ国立公園、イタリアのペストゥムとヴァリアの考古学遺跡とパドゥーラの僧院があるチレントディアーナ渓谷国立公園などの文化遺産、トルコのギョレメ国立公園とカッパドキアの岩窟群、オーストラリアのウルルカタジュタ国立公園、ニュージーランドのトンガリロ国立公園、メキシコのティカル国立公園などの複合遺産も含まれています。

中国の世界遺産について

次に、皆様の国、中国の世界遺産について概観してみましょう。中国は、1985年12月12日に世界遺産条約を批准しました。2004年9月現在、九寨溝、黄龍、武陵源、三江併流の自然遺産が4物件、万里の長城、明清王朝の皇宮、莫高窟、秦の始皇帝陵、周口店の北京原人遺跡、承徳の避暑山荘と外八廟、曲阜の孔子邸、孔子廟、孔子林、武当山の古建築群、ラサのポタラ宮の歴史的遺産群、盧山国立公園、麗江古城、平遥古城、蘇州の古典庭園、北京の頤和園、北京の天壇、大足石刻、青城山と都江堰の灌漑施設、安徽省南部の古民居群-西逓村と宏村、龍門石窟、明清王朝の陵墓群、雲崗石窟の文化遺産が21物件、泰山、黄山、楽山大仏風景名勝区を含む峨眉山風景名勝区、武夷山の複合遺産が4物件、合計29物件が世界遺産に登録されています。前にも述べた通り、世界遺産の数では世界で3番目です。

中国の世界遺産の中で、登録物件名に「国立公園」と名前がつくのは盧山国立公園だけです。しかしながら、黄山、武夷山、泰山、武当山、峨眉山、三江併流などは、国内的には国家重点風景名勝区として、実質的には国家が保護管理する国立公園です。

世界遺産の抱える問題と課題について

恒久的な保護管理措置が計れている世界遺産も予測不可能な危機、危険、脅威にさらされています。

自然的には、風水害、落雷、地震、津波、火山の噴火、地滑りなどです。人為的には、戦争、紛争、暴動、盗掘、盗難、密猟、森林の伐採、都市化、道路建設、ダム建設、鉱山開発などです。道路建設やダム建設そのものが悪いわけではありませんが、世界遺産の登録範囲、すなわち、核心地域（Core Zone）と緩衝地域（Buffer Zone）があるわけですが、これらの中を通過する道路であったり、世界遺産地の村落がダム建設の為に水没するようなことにもなれば、世界遺産への脅威になるわけです。

ユネスコでは、754ある世界遺産のうち、緊急の保護管理措置が必要なものとして、危機にさらされている世界遺産リスト（通称、危機遺産と言っていますが）を作成しています。

これは、その国にとって、不名誉なことですが、2003年9月現在、29か国の35物件が危機遺産リストに登録されています。

中国については、該当するものはありませんが、最近このリストに登録されたものとしては、イラクのアッシュル（カルアシルカ）＜大型ダム建設による水没危険、それに適切な保護管理措置の欠如の為、緊急登録＞、アフガニスタンのバーミヤンの文化的景観と考古学遺跡＜崩壊、劣化、略奪、盗掘などの惧れがある為、緊急登録＞、アゼルバイジャンのシルヴァンシャフハーンの宮殿と乙女の塔がある城塞都市バクー＜2001年11月25日の大地震による損壊、都市開発、保護政策の欠如＞、コートジボワールのコモエ国立公園＜野生動物の密猟、大規模な牧畜、管理不在＞、ネパールのカトマンズ渓谷＜無秩序な都市開発による類ないデザインの消失＞などがあります。

このような危機遺産にしない為にも、世界遺産をどのように守っていくのか、これは世界遺産だけではなく、身近かな文化財や自然環境についてもいえることですが、常日頃から予防管理に努めることが重要です。

中国関係の最近の情報方では、皆様もよくご存知の万里の長城の崩壊の危機が叫ばれています。観光客が捨てていくゴミの投げ捨ても問題になっているようですが、全長約6700kmあるうち、人目につかない地点の石や煉瓦が何者かによって取り壊され持ち去られており、自然的な風化や劣化の対策もさることながら、野放しの状態にもなっているとも報じられています。

また、2003年の1月、武当山の古建築群の主要部分である遇真宮で、作業員の不注意によって電灯から出火し、大殿が焼失しました。先日視察した大足石刻では、風化や劣化の対策が課題になっているようでした。また、登録範囲内での建築制限など政令や条例による規制措置を講じられているようにもお聞きしました。中国にある29の世界遺産、それに世界遺産地の課題や問題点を個別に調べてみると、夫々の物件が抱える固有のもの、或は、夫々に共通するものなど多様だと思います。

しかしながら、いずれの国においても言えることですが、少なくとも戦争や紛争など人為的なことに起因する世界遺産への脅威は、回避しなければなりません。

人類共通の世界遺産の保存と活用について

例えば、日本の場合、世界遺産条約の締約は1992年6月30日で、世界で第125番目と遅く、まだ11年有余の歴史しかありません。2003年9月現在、自然遺産が屋久島と白神山地の2物件、文化遺産が法隆寺地域の仏教建造物、姫路城、古都京都の文化財、白川郷と五箇山の合掌造り集落、広島の平和記念碑（原爆ドーム）、厳島神社、古都奈良の文化財、日光の社寺、琉球王国のグスク及び関連遺産群の9物件と11物件しかありません。

しかしながら、世界遺産という言葉も、すっかり国民に啓蒙、普及されつつあり、国民の世界遺産への関心も大変高くなっています。

国内の世界遺産地への観光、また海外の世界遺産地への旅行も、旅行業者が次々と企画し、新聞にも、世界遺産地への観光旅行に関する広告が毎日のように出ています。

ユネスコが認めた世界遺産を見学し、鑑賞できることは、大変すばらしいことなのですが、観光に伴う問題も数多く起こっています。

例えば、世界遺産地における観光客のマナーの問題です。ゴミの投げ捨て、立ち小便、落書き、民家の覗き見、騒音、観光客の増加につけこんだホテル建設などに伴う景観の変化、観光客の増加に伴うし尿対策などの問題です。

世界遺産地になって、観光客の増加、観光収入、雇用の増加など地元への経済波及効果などプラスの側面だけではなく、マイナスの面も数多く出てきています。

世界遺産条約の本旨は、地球と人類の至宝を保護、保存することであり、観光目的ではありません。すべてが、一般的に有名なものばかりではなく、その学術的価値は高いものの余り一般的には知られていなくて、中に立ち入れない、或は隔絶されたものも数多くあります。

世界遺産の真正性と完全性を保存するのには、保存、維持、管理を除いては、人を立ち入れさせないことも一つの方法ですが、その歴史性、文化性などの価値を認識し、学びの題材として、鑑賞できる機会が与えられることも重要なことです。
開発と保全、これは、対立する概念ですが、これらのバランスをとっていくことが、人類にとっていかに大変なことであるのか、各国、そして、世界遺産地が共通に抱える永遠の課題になっています。

新たなパラダイムを求めて

今回の私の特別講演のテーマは、「国立公園と世界遺産」です。2003年9月現在、世界で国立公園を持つ国は、推計では143か国、国立公園の数としては、1,689、合計面積は3億5,500haにも及びます。

国立公園は、本来、国の保護管理下にあり、保護管理体制も万全のはずですが、前に述べた35の危機遺産リストの中にも、エクアドルのサンガイ国立公園、アメリカのエバーグレーズ国立公園、コンゴ民主共和国のヴィルンガ国立公園、ガランバ国立公園、オカピ野生動物保護区、カフジビエガ国立公園、サロンガ国立公園、エチオピアのシミエン国立公園、中央アフリカのマノボグンダサンフローリス国立公園、ウガンダのルウェンゾリ山地国立公園、コートジボワールのコモエ国立公園、チュニジアのイシュケウル国立公園が登録されています。

コンゴ民主共和国については、5つある世界遺産のすべてが、危機遺産リストに登録されていることになり、国立公園としては機能していないことになります。

これからも、世界各地の国立公園が世界遺産に登録されていくことでしょう。前述した一部の例外を除いては、国立公園に指定されている物件は、その国を代表するものであり、国家として、恒久的な保護管理措置が講じられているからです。

国立公園の定義も、国によって異なります。国の社会システムもそれぞれに異なりますまで、一括りには出来ませんが、各国政府が推薦する世界遺産については、国が責任をもって、管理していかなければなりません。

国立公園のあり方も、新たなパラダイムが必要とされています。日本には、国立公園が28あります。日本で、国立公園というと、自然公園法（1931年に国立公園法が制定され、その後、

自然公園法に呼称が変わった）に準拠した自然環境が対象になります。神社や寺院などの文化財は、文化財保護法で保護されています。文化財を対象にした、いわゆる国立公園はありません。

しかしながら、これは、私の意見ですが、日本の場合、文化財なども含めた遺跡国立公園や史跡国立公園などに再構築していく必要があるのではないかと思っています。

日本では、自然公園法と鳥獣保護法は、環境省、森林関係法は農林水産省の林野庁、道路関係法は国土交通省、文化財保護法は文部科学省の文化庁が所管しています。現実的に自然環境と文化財を含めた複合的な国立公園化が可能かどうかを考えてみた場合、省庁の再編などを行わない限り、困難だと言わざるを得ません。

困難な理由の一つとして、日本の場合、私有財産制度があるからです。土地も国公有地だけではなく私有地が多くあります。

文化財も国宝、重要文化財に指定されている物でも、すべてが国有財産とは限らないからです。神社や寺院もそれぞれの宗教法人が所有管理しているのがほとんどだからです。

このように、国立公園のあるべき姿、また、世界遺産の理想的な保護管理のあり方も新たなパラダイムを必要とする段階にきているように思います。

おわりに

とりとめなく話してまいりましたが、これから、王連勇先生が行われようとされている「国立公園実験室」プログラムは、世界的に見ても、大変画期的な試みだと思います。持続可能な観光の発展を計っていく場合にも、このプログラムが提起する問題点や課題、そして、問題解決の手法などは、中国の国家の発展、ひいては世界の各国が抱える共通の課題にも問題解決の糸口を見出すように思います。

王連勇先生の研究成果に期待したいと思います。長時間、ご静聴有難うございました。また、今回、私を招いて頂いた西南師範大学の関係者の皆様に御礼申し上げたいと思います。有難うございました。

参考文献
- 「世界遺産ガイド－国立公園編－」（2002年5月）
- 「誇れる郷土ガイド－日本の国立公園編－」（2005年3月）
- 「世界遺産ガイド－中国編－」（2005年1月）
  （シンクタンクせとうち総合研究機構　発行）

本稿は、2003年9月6日（土曜日）に古田陽久が西南師範大学図書館講堂で特別講義（通訳：王　連勇　西南師範大学歴史文化と旅遊学院副教授）を行った特別講義要旨「国立公園と世界遺産」を基に、加筆したものです。

西南師範大学での講義

西南師範大学歴史文化観光学科の教授陣と意見交換

大足石刻での考察

国家風景名勝区金佛山でのフィールド・ワーク

世界遺産大国への予感

第28回世界遺産委員会蘇州会議
2004年6月28日～7月7日　於：中国蘇州市企画展示館

2004年の6月28日から7月7日まで、中国江蘇省蘇州市の蘇州市企画展示館の会議場で、第28回世界遺産委員会が開催され、オブザーバーとして参加した。蘇州での世界遺産委員会は、本来ならば、2003年に第二七回世界遺産委員会として開催される予定であったが、SARSの影響で、急遽パリのユネスコ本部に会場が変更になった経緯があり、2年がかりでの実現となりました。

アジアでは6年ぶりの開催となりましたが、100を超える世界の国々から1000人近い人々が出席し、蘇州市は市内の美化活動を行ったり、マスコット・キャラクターを登場させるなど、市をあげての歓迎ムードに沸きました。

この蘇州会議で新たにユネスコの「世界遺産リスト」に登録されたのは、中国の「古代高句麗王国の首都群と古墳群」、北朝鮮初の登録となる「高句麗古墳群」、日本の「紀伊山地の霊場と参詣道」など29カ国の34物件。なかでも中朝の国境をまたぐ高句麗遺跡群がそれぞれ世界遺産に登録されたことに注目が集まりました。

これで中国の世界遺産は合計で30物件となり、イタリアの39物件、スペインの38物件に続いて、ドイツと共に世界第3位となった。アジア・太平洋地域ではナンバー・ワンであり、インドの26物件、日本の12物件がこれに続きます。

一方、既に世界遺産に登録されている物件の登録範囲の拡大・延長が行われた六物件のうち二つも、中国の物件であった。「明・清王朝の皇宮」（北京市の故宮）は、遼寧省瀋陽市の瀋陽故宮を加え、また、「明・清王朝の陵墓群」（北京市、南京市などに分布）は、同じく瀋陽市や撫順市にある盛京三陵（昭陵、福陵、永陵）を新たに登録範囲に含めました。

したがって、新登録と登録範囲の拡大・延長物件の3物件は、いずれも、これまで世界遺産がなかった東北地方の吉林省と遼寧省からのものとなりました。

また、同時開催された世界遺産展では、今後、5〜10年以内に登録予定の暫定リストから、中国の記載物件の写真も紹介されていました。それによると、2005年7月に南アフリカのダーバンで開催される第29回世界遺産委員会で登録可否が決まる中国の登録推薦物件には、澳門（マカオ）特別行政区の史跡群（媽閣廟、鄭家大屋、聖ヨセフ修道院及び聖堂など一二の歴史的建造物群）が予定されています。

さらに、2006年以降の暫定リスト記載物件には、河南省の「殷墟」、雲南省の「紅河哈尼族（ハニ族）の棚田」、広東省の「開平の望楼」、福建省の「客家土楼」、浙江省の「杭州西湖風景名勝区」など50物件以上がノミネートされています。さまざまな時代の多様な物件に驚くが、まさに中国の長い歴史と広い国土の懐の深さを垣間見る思いです。中国は、いずれ欧州勢を抜いて世界一の「世界遺産大国」になる予感がします。

会議が行われた蘇州市にも世界遺産登録されている庭園（「蘇州の古典園林」）があります。また、近郊にも暫定リストに記載されている周荘（昆山市）や同里（呉江市）があり、わたしは、休会日を利用して、それらの町を歩いてみました。

かつては、江南の水運・商業の要衝として栄えた周荘、同里は、明・清代以来の歴史を色濃

く残す水郷都市。街と水路が一体化し、そここごを小船が行きかう姿はまことに興趣に富んでいます。しかし、周辺部があまりに開発されすぎているせいか、街並み保存地区に指定されているエリアは、昔のままに保存されているというより、むしろ隔離されて観光地化しているような印象も受けました。

　保存地区とはいえ、そこに暮らす人々にとっては生活の場です。心惹かれる古い町並み、水路、橋の美しい景観をカメラで撮ろうにも、民家の洗濯物や水路に沿って並ぶ露店のパラソルがファインダーに入ってしまいます。食事や洗濯の雑排水も日常的に水路に流されており、水路の汚染も目につきました。

　一方、それらの観光客目当ての人力車、道案内、物品販売、店への呼び込みなども「熱心さ」を飛び越えて、「しつこさ」の印象を免れません。町並みをゆっくりと散策するという雰囲気とは程遠く、日本で紹介されている雑誌やパンフレット、映像からイメージするものと、かなりのギャップを感じました。もっとも、それは観光客側からの言い分で、地元の人々にとっては、ずかずかと人の生活空間に入り込んできて、何を言うかという部分もあるには違いありません。

　周荘や同里ばかりでなく、最近、中国各地で観光をめぐるさまざまなトラブルが表面化しています。カルチャーの違いに起因する部分もあるでしょうが、より大きな要因としては、あまりに急速な経済発展がさまざまな側面で歪みを生んでいる印象を受けます。観光客の出すゴミの問題など、訪問する側のマナーがとかく問題視されるが、受入側の観光関連業者のマナーの管理については、今後の行政サイドの大きな課題でもあるように思われました。

　世界遺産に登録されることは、観光の側面からも大きなインパクトをもちますが、その本来的な意味は人類共通の宝物として、保護・保全に努めることにあります。せっかくの遺産も、旅先でのちょっとしたことが不快感や失望に変わり、悪印象だけを残すことにもなりかねません。訪問者と地元住民とのお互いのマナーのバランスがとれてこそ、その魅力を発見し、保全意識を高める旅にもつながるのだと思います。

　蘇州会議の会期中、中国の学生たちのボランティアでの活躍ぶりが目に付きました。日本語、英語をはじめ、各国語の通訳をする若者のまなざしは真剣で、世界中から集まった出席者からひとつでも多くのことを学び取ろうという姿勢に感動しました。

　日々発展し続ける経済や文化など懐の深い中国。次回訪問する時には、どんな一面を見せてくれるのでしょうか。

参考文献
- 「世界遺産ガイド－中国編－」（2005年1月）
- 「世界遺産ガイド－図表で見るユネスコの世界遺産編－」（2004年12月）
　（シンクタンクせとうち総合研究機構　発行）

本稿は、旅の文化研究所発行の『まほら』第42号（2005年1月1日発行）に古田陽久が出稿した記事に加筆したものです。

中国の暫定リスト記載物件

- 安済橋（Anji Bridge）河北省趙県
- 北海公園（Beihai Park）北京市
- 北京古観象台（Beijing Ancient Observatory）北京市
- 程陽永済橋（Chengyang Yongji Bridge）広西チワン族自治区三江[イ同]族自治県
- 大理蒼山洱海風景名勝区（Dali Chanshan Mountain and Erhai Lake Scenic Spot）雲南省大理
- 東塞港自然保護区（Dongzhai Port Nature Reserve）海南省海口市
- 独楽寺（Dule Temple）天津市薊県
- 佛宮寺釈迦塔（"応県木塔"）（Foguang Monastery）山西省応県五台山
- 仏光寺（Foguang Temple）山西省
- 福建省の土楼（Fujian Tulou）福建省
- 海壇風景名勝区（Haitan Scenic Spots）福建省
- 天壺地隙（Heaven Pit and Ground Seam Scenic Spot）重慶直轄市
- 元上都城遺跡（Historical Remains at Yuan Shangdu）内蒙古自治区
- 紅河哈尼族の棚田（Honghe Hani Terraced Fields）雲南省紅河哈尼（ハニ）族イ族自治州
- 花山風景名勝区（Hua Shan Scenic Area）広西チワン族自治区
- 金仏山風景名勝区（Jinfushan Scenic Spot）重慶直轄市南川市
- 開平の望楼（Kaiping Diaolou）広東省開平市
- 定州市の開元寺塔（Kaiyuan Temple Pagoda of Dingzhou City）河北省定州市
- 良渚考古学遺跡（Liangzhu Archaeological Sites）浙江省余杭区
- 盧溝橋（Lugou Bridge）北京市豊台区
- 路南石林風景名勝区（Lunan Stone Forest Scenic Zone）雲南省昆明市石林県
- 麦積山風景名勝区（Maijishan Scenic Spots）甘粛省天水市
- 五台山管理区（Mount Wutai Administrative Bureau）山西省五台県
- 楠渓江（Nanxi River）浙江省
- 牛河梁考古学遺跡（Niuheliang Archaeological Site）遼寧省凌源・建平県
- 播陽湖自然保護区（Poyang Nature Reserve）江西省
- 普陀山風景名勝区（Putuo Mountain Scenic Resort）浙江省舟山市
- 仏宮寺釈迦塔（Sakya Tower of Fogong Monastery）山西省大同市応県　通称　木塔寺
- 神農架自然保護区（Shennongjia Nature Reserve）湖北省興山県
- 嵩山地域（Songshan Area）河南省鄭州市
- 揚子江ワニ自然保護区（The Alligator Sinensis Nature Reserve）
- 同里古鎮（The Ancient Town of Tongli）江蘇省呉江市
- 周荘古鎮（The Ancient Town of Zhouzhuang）江蘇省昆山市
- 江南水郷（甪直）（The Ancient Venetian Township in the South of Yangtze River - Luzhi）江蘇省蘇州市呉県
- 江南水郷（南潯）（The Ancient Venetian Township in the South of^ Yangtze River - Nanxun）浙江省
- 江南水郷（烏鎮）（The Ancient Venetian Township in the South of Yangtze River - Wuzhen）浙江省桐郷市
- 江南水郷（西塘）（The Ancient Venetian Township in the South of Yangtze River - Xitang）浙江省嘉善県

◆西安城壁（The City Wall of Xi'an）　陝西省西安市
◆西安碑林（The Forest of Steles in Xi'an）　陝西省西安市
◆澳門の歴史的建造物群（The Historic Monuments of Macao）　澳門特別行政区
◆桂林漓江風景名勝区（The Lijiang River Scenic Zone at Guilin）　広西チワン族自治区
◆漢・長安遺跡（The Remains of Chang'an City of the Han Dynasty）陝西省西安市
◆唐・大明宮遺跡（The Ruins of Daming Palace of the Tang Dynasty）陝西省西安市
◆交河古城（The Ruins of Jiaohe Ancient City）　新疆ウイグル自治区
◆シルクロード（中国側）（The Silk Road (Chinese Section)）　新疆ウイグル自治区
◆銅緑山古代銅鉱山遺跡（Tonglushan Ancient Copper Mine Sites）　湖北省
◆杭州西湖風景名勝区（West Lake Scenic Zone in Hangzhou）　浙江省杭州市
◆五大連池風景名勝区（Wudalianchi Scenic Spots）　黒竜江省
◆ヤロン（川）、チベット（Yalong, Tibet）　チベット自治区
◆雁蕩山（Yandang Mountain）　浙江省温州市
◆長江三峡風景名勝区（Yangtze Gorges Scenic Spot）　重慶直轄市
◆殷虚（Yinxu）　河南省安陽市
◆永楽宮（Yongle Palace）　山西省
◆雲居寺塔と石経（Yunju Temple Pagoda and its Stone Scriptures）　北京市房山区南尚楽鎮

参考文献
- 「世界遺産データ・ブック－2005年版－」（2004年7月）
- 「世界遺産ガイド－中国・韓国編－」（2002年3月）
- 「世界遺産ガイド－中国編－」（2005年1月）
（シンクタンクせとうち総合研究機構　発行）

澳門の歴史的建造物群　聖ポール天主堂跡

世界遺産暫定リスト記載物件数

国　名	世界遺産条約締約年	世界遺産リスト登録物件数				暫定リスト記載物件数			
		総数	自然	文化	複合	総数	自然	文化	複合
イタリア	1978年	39	1	38	0	59	10	43	6
スペイン	1982年	38	2	34	2	30	4	24	2
中国	1985年	30	4	22	4	60	11	39	10
ドイツ	1976年	30	1	29	0	15	0	14	1
フランス	1975年	28	1	26	1	39	6	25	8
イギリス	1984年	26	5	21	0	17	3	12	2
インド	1977年	26	5	21	0	14	0	14	0
メキシコ	1984年	24	2	22	0	21	1	17	3
ロシア	1988年	21	8	13	0	18	2	15	1
アメリカ合衆国	1975年	20	12	8	0	72	30	42	0
ブラジル	1977年	17	7	10	0	18	9	6	3
ギリシャ	1981年	16	0	14	2	9	2	5	2
オーストラリア	1974年	16	11	1	4	2	0	2	0
カナダ	1976年	13	8	5	0	8	8	0	0
ポルトガル	1980年	13	1	12	0	6	3	2	2
スウェーデン	1985年	13	1	11	1	2	0	2	0
チェコ	1993年	12	0	12	0	12	1	11	0
日本	1992年	12	2	10	0	5	1	4	0
ポーランド	1976年	12	1	11	0	6	0	6	0
ペルー	1982年	10	2	6	2	4	0	4	0

2004年11月現在

周荘の町並み

同里の町並み

開平の望楼

紅河哈尼族の棚田

福建省の土楼

杭州西湖風景名勝区

ウズベキスタン「ボイスンの文化空間」を訪ねて

ウズベキスタン　タシケントへの帰路ボイスン山麓にて

左から、ユネスコ文化遺産部門無形文化遺産課のジャネットさん、
パリにある人類博物館のイヴォンヌさん、古田陽久

はじめに

　2001年5月にユネスコが「人類の口承及び無形遺産の傑作」の一つと宣言したウズベキスタンの「ボイスン地方の文化空間」にて、第1回目の野外民俗芸能フェスティバル「ボイスン・バホリ」(ボイスン地域フォーク・フェスティバル実行委員会主催　ユネスコ、ウズベキスタン文部省、ウズベキスタン芸術アカデミー等後援)が2002年5月に開催され、同時に開かれた国際学術会議に出席しました。

「人類の口承及び無形遺産の傑作」

　ユネスコの第1回「人類の口承及び無形遺産の傑作」※では、モロッコの「ジャマ・エル・フナ広場の文化空間」、イタリアの「オペラ・デイ・プーピ、シチリアの操り人形劇」、インドの「クッティヤターム　サンスクリット劇」、日本の「能楽」など世界20か国の19件の多様な無形文化遺産が指定されています。
※この後、2003年11月の第2回「人類の口承及び無形遺産の傑作」では、世界30か国の28件の多様な無形文化遺産が指定されています。

　「人類の口承及び無形遺産の傑作」は、ユネスコの世界遺産条約に準拠し有形遺産を対象とした、いわゆる「世界遺産」とは異なるものだが、いわば「世界遺産の無形版」としてこれを補完する意図もあります。

　私は、過去8年間、地球と人類の至宝であるユネスコの世界遺産について、その「顕著な普遍的価値」や「多様性」に関して、その理念や意義をインターネットや出版活動等を通じて研究してきたが、この宣言を機に言語、文学、音楽、舞踊、遊戯、神話、儀礼、慣習、手工芸などの無形遺産の研究にも着手することになりました。

独自の伝統文化を築いたボイスン地方

　ボイスンという地名は、日本で発行されている地図帳や事典などにはほとんど載っておらず、ウズベキスタンの人でさえ知っている人は少ないという。地名の由来は、古くはペルシア語から来たという説、「偉大な山」や「豊かな地域」という意味、或は、地方の種族や民族そのもの、すなわち、ボイスン人(またはボイスン族)を指すなど諸説があります。

　ボイスン地方は、中央アジアのシルクロードでも知られるウズベキスタンの南東部、アムダリヤ川をはさんでアフガニスタンと国境を接するスルハンダリヤ州の州都テルメズの北145km、北緯36度6分、東経67度2分に位置するボイスン村を中心とする地域です。

　面積が3,713km²(奈良県くらいの広さ)、ボイスン山脈の山麓の草原地帯に、人口21,800人のボイスンをはじめとする71の村があり、82,400人(ウズベク人59.3%、タジク人39.0%、言語は、ウズベク語とタジク語の2言語を常用)が生活しています。

　今回の訪問は、インターネット等を通じての約1年間の地道な情報収集と、取材活動を通じて知り合った関係者とのコミュニケーションのなかで実現しました。

　ボイスン地方へは、首都タシケントから車で約8時間、警察のパトカー先導の下に、フェスティバル関係者のバスが2台、テレビ局などマスコミ関係者の車が連なるキャラバンの長旅でした。強い太陽がギラギラと照りつけ、延々と土の道が続きます。途上には、シルクロードなど東西

文明の十字路として繁栄し、またティムール帝国の首都でもあったサマルカンドがあるが、そこでの休憩は、正直、心安らぐものがありました。

　ボイスン地方は、小アジアからインドへの交通路にある、世界で最も古い人間居住地の一つとされています。周辺では、旧石器時代の集落遺跡、ネアンデルタール人の遺跡や洞窟壁画、それに古代バクトリア王国、アレキサンダー大王の東方遠征、シルクロード、ティムールゆかりの歴史的な遺跡も数多く発見されています。

　同地の人々は、農業と牧畜業を生活の糧にし、マッハラーと呼ばれる近隣との関係を大切に相互に助け合う独自のコミュニティ社会を形成しています。また、先祖や長老を重んじ、ゾロアスター教、仏教、イスラム教などの宗教、シャーマニズム、トーテミズムなど古来からの信仰の影響を受け、この地域の田植えなどの季節的な行事や結婚、子供の誕生、割礼、葬儀など家族的な儀式などの民俗・慣習と、伝統的な音楽、舞踊、語りなどの芸能とが有機的に結びつき現在に伝承されています。

野外民俗芸能フェスティバル「ボイスン・バホリ」

　今回のフェスティバルは、周辺のキルギスタン、タジキスタン、トルクメニスタンの中央アジアの国々、イギリス、フランス、ロシア連邦、トルコ、韓国、日本など外国からのゲストが60人、ウズベキスタン国内から800人、観客が4,000人と総勢4,860人の規模でした。

　ユネスコ関係では、パリ本部の無形遺産課の専門家をはじめ、国内委員会事務局長のイクラモフ氏、タシケント事務所長のレーン氏などの顔ぶれがあり、フェスティバル全体を主導しました。

　地域民俗芸能各分野の国内予選を経てきました、叙事詩、伝説、物語の「語り部」(バクシ)、ドンブラ(弦楽器)、スルナイ(管楽器)、ドイラ(打楽器)などの「器楽奏者」、服飾、ファッションの「デザイナー」のコンテストが行われほか、この地域の民謡、舞踊、音楽などの伝統芸能、伝統的な絨毯、刺繍、陶芸などの手工芸等も披露された。伝統芸能と伝統工芸ともに鮮やかな色彩と繊細な芸術デザインが見事でした。

　披露された芸能の一部をご紹介しましょう。口にくわえ指で弾いて奏でる小さな金属の口琴のチャン・コブズからは、「ヴィンヴィン」と合図を送る様な音色が流れ、心の琴線に触れます。それに、男性の語り部(バクシ)が、英雄叙事詩「アルポミシュ」を独特の抑揚と調子で朗々と謳う「わざ」は圧巻。一方、ゾロアスター教の信仰から派生した慣習で、案山子(かかし)の様な布の人形を作り、10～15人の女性が「雨乞い」(ススト・コーチン)の歌を歌いながら村のすべての家を訪問し、最後はその人形を川に流すシーンを演じるアンサンブルも印象的であった。ススト・コーチンの歌は、数あるボイスンの歌のなかでも代表的なもので、シンボル・ソングである。どこか日本のわらべ歌にも似た響きをもつ調べで郷愁をさそいました。

　雄大な自然環境を背景にした、伝統的な音楽、舞踊、遊戯、神話、儀礼、慣習、手工芸などの無形文化遺産の傑作は、遺跡、建造物群、モニュメントなどの有形文化遺産と共に感動の文化空間を形成する文化遺産の両輪であることを実感しました。

　ボイスン地方は、辺境の地にある少数民族社会ですが、そこには類ない独自の伝統文化が形成されています。その歴史的な背景や地理的な環境を考えた場合、都市との隔絶性や生活の不便さが、逆に人々に自ら考え生き抜いていく知恵や工夫、それに人間や近隣関係などを大切にする愛や心などを自然に育み、創造的な独自性が培われたのではないかと思います。

異文化が交流する文明の空間、そして、国際平和の空間に

　国際学術会議は、「現代芸術文化の背景にある民俗芸能と民俗芸術」がテーマで、全体会議と「民俗音楽と楽器」、「民俗の休日と慣習」、「叙事詩と民俗芸能」、「伝統工芸と民俗文化」の4つの分科会が設けられました。私は、会議のオープニングを兼ねた全体会議で、「『人類の口承及び無形遺産の傑作』についての一考察」と題して、1年間の研究を通じて感じたことを提言しました。英語、ウズベク語、ロシア語がクロス・オーバーする活発な話し合いが展開されました。

　ボイスン地方の口承・無形文化遺産は、ユネスコの認知も受け、文字通り「ボイスン・バホリ」（ウズベク語で、ボイスンの春という意味）が訪れている。主催者は「ボイスン・バホリ」のイベントを、これから毎年開催したい考えで、第2回（2003年5月1日～6日）は、「アジア・太平洋地域の人類の口承及び無形遺産の傑作の出会い」をテーマにしている。日本、韓国、フィリピン、中国、インド、ロシアとウズベキスタン国内からの参加が期待されています。

　このフェスティバルが回を重ねるごとに、より国際性を高め、異文化が交流する文明の空間、そして、戦災からの復興を進めている隣国のアフガニスタンの人々とも「ボイスンの春」を一緒に謳歌できる国際平和の空間になることを願っています。

　また、ウズベキスタンには、現在、「ヒヴァのイチャン・カラ」、「ブハラの歴史地区」、「シャフリサーブスの歴史地区」、「サマルカンド—文明の十字路—」など歴史的文化価値の高い4つの世界遺産があります。ウズベキスタンへの旅も、こうした有形遺産だけではなく無形遺産も含めた多様な民俗文化と触れ合える機会を創る工夫が必要でしょう。

　これから重要なことは、ボイスン地方の文化空間の研究への関心を高め、伝統文化を文献やオーディオ・ヴィジュアル媒体などに記録して残し、また今回のようなフェスティバルや国際会議などを通じて、この地域の文化をアジア太平洋地域をはじめ世界に向けて発信していくことだと思います。

　1991年に旧ソ連から独立したウズベキスタンは、無形遺産の保存活動にも熱心であり、伝統芸能の記録、民俗学者、音楽学者、民族学者による伝統文化の研究、音楽出版、今回のようなフェスティバルや国際学術会議の開催などにも前向きに取り組んでいます。

　今回、古い歴史と伝統文化を有するウズベキスタンを訪問することができ、また「人類の口承及び無形遺産の傑作」を生んだボイスン地方を訪れ、自分の目と耳と心で感動を覚え文化の多様性を体感できたことは、人類の一員として、そして日本人の一人として、大変嬉しく思う。この貴重な伝統文化守り後世に継承していくことの大切さを知った旅でした。

参考文献
- 「世界無形文化遺産ガイド－無形文化遺産保護条約編－」（2004年6月）
- 「世界無形文化遺産ガイド－人類の口承及び無形遺産の傑作編－」（2004年5月）
　（シンクタンクせとうち総合研究機構　発行）

本稿は、㈶ユネスコ・アジア文化センター発行のユネスコ・アジア文化ニュース334号（2002年10月15日／11月15日合併号）に掲載された古田陽久の論稿「ウズベキスタン『ボイスン地方の文化空間』を訪ねて」を基に、加筆したものです。

ボイスン地方の自然景観

ボイスン山脈の山麓の草原地帯にあるボイスン

野外のステージ

野外民俗芸能フェスティバル

世界遺産学のすすめ―世界遺産が地域を拓く―

ボイスンの春と華やぐ女性

雨乞い（ススト・コーチン）

知床・世界遺産への道

海から見た知床の自然景観

Q1 世界遺産に登録されるまでのスケジュール、審査のポイントなど。登録へのハードルは「相当に高い」とのことですが、一般的に、IUCNのパネルではどんな議論が交わされるのでしょうか？ 各国は、いわゆるロビー活動なども展開しているのでしょうか？

A1 第29回世界遺産委員会で審議の対象になる推薦物件の世界遺産化のタイム・テーブルは、下記の通りになります。世界遺産化に向けての国内における手続きや準備が出来ており、登録推薦申請書類にも不備がなく、ICOMOS／IUCNの評価にも問題がない完全な推薦物件でも、ユネスコ世界遺産センターへの書類の提出期限から第29回世界遺産委員会の登録までの最短の推薦サイクルで、17か月の歳月を要します。世界遺産化の実現には、長い時間と地道な努力を要します。

2005年7月	第29回世界遺産委員会の決定・発表と締約国への報告
2005年7月	第29回世界遺産委員会、推薦物件を4つに区分して決定。 (a) 世界遺産リストに登録する物件 (b) 世界遺産リストに登録しないことを決定した物件 (c) 検討を延期する物件 (d) 新たな情報を得る為、推薦国に再照会することが必要な物件
2005年4月～5月	ICOMOS／IUCNの評価を受領
2004年12月～2005年3月	ICOMOS／IUCNは、推薦物件を3つに区分して世界遺産委員会に推薦 (a) 何の留保も付けずに登録を推薦する物件 (b) 登録の推薦をしない物件 (c) 延期、照会することが必要な物件
2004年12月1日	ICOMOS／IUCNへの第2回目の新情報受付の締切日
2004年5月～12月	ICOMOS／IUCNの評価 ●顕著な普遍的価値の科学的評価 ●専門家の派遣による保護管理面の実際に関するフィールド評価 ●世界遺産委員会への報告書や勧告を準備するための世界遺産パネル
2004年5月1日	評価ミッション派遣の為のICOMOS／IUCNへの最初の新情報受付の締切日
2004年2月1日～3月	世界遺産センターによる書類の受理と内容の審査 ●完全な推薦物件は、評価の為、ICOMOS／IUCNに回される。 ●完全でない推薦物件は、ICOMOS／IUCNに回されない。
2004年2月1日	世界遺産センターが受理する締約国からの推薦の締切日

Q2 IUCNの下す「登録を推薦する」「しない」「保留・延期」などの決定は、ユネスコの最終決定にどの程度の影響力を持つのでしょうか？
IUCNが「ノー」なら、登録はほぼ絶望的になるのでしょうか？

A2 過去2年間、すなわち、第28回世界遺産委員会蘇州会議、第27回世界遺産委員会パリ会議の事例を見た場合、IUCNの勧告は、きわめて重視されています。IUCNが「登録を推薦する」、「しない」と勧告した物件については、世界遺産委員会でも同じ結論が下されています。

しかし、IUCNが「保留・延期」と勧告した物件の中で、世界遺産委員会が「登録を推薦する」とした物件が例外的に1件（セント・ルシアのピトン管理地域）あります。

世界遺産委員会は、21か国の委員国で構成されていますが、それぞれを代表して発言しているのは、外務省出身のユネスコ全権大使が多く、限られた会期、時間の中で、専門的、技術的な議論をする場ではなく、グローバル・ストラテジックな視点で、公平、適正な評価がされているか、また、国境をまたぐ物件、緊急登録が必要な物件など大所高所からの審議がなされている印象を持っています。

第28回世界遺産委員会蘇州会議

物件名	IUCNの勧告	世界遺産委員会での登録可否
● ハワル諸島（バーレン）	N（登録しない）	N（登録しない）
● イリリサート・アイスフィヨルド（デンマーク）	I（登録）	I（登録）
● タルノックの古生物地（ハンガリー）	N（登録しない）	N（登録しない）
● スマトラの熱帯雨林遺産（インドネシア）	I（登録）	I（登録）
● コイバ国立公園（パナマ）	N（登録しない）	N（登録しない）
● ウランゲル島保護区の自然体系（ロシア連邦）	I（登録）	I（登録）
● ピトン管理地域（セント・ルシア）	D（見送り）	I（登録）
● ケープ・フローラル地方の保護地域（南アフリカ）	I（登録）	I（登録）
● フォン・ニャ・ケ・バン国立公園（ヴェトナム）	I（登録）	I（登録）

第27回世界遺産委員会パリ会議

物件名	IUCNの勧告	世界遺産委員会での登録可否
● 雲南保護地域の三江併流（中国）	I（登録）	I（登録）
● モハメッド岬（エジプト）	D（見送り）	D（見送り）
● カザフスタン北部の草原と湖沼群（カザフスタン）	D（見送り）	D（見送り）
● ウブス・ヌール盆地（モンゴル／ロシア連邦）	I（登録）	I（登録）
● モン・サン・ジョルジオ（スイス）	I（登録）	I（登録）

(注) I Recommended for inscription （登録を勧告した）
    D Recommended for deferral （見送りを勧告した）
    N Not recommended for inscription （登録を勧告しなかった）

Q3 日本が世界遺産条約を締結したのは1992年ですが、締約国の中ではかなり遅いほうでした。これには何か理由、事情があるのでしょうか？

A3 日本は世界遺産条約を1992年6月30日に受諾しました。当時、世界で125番目に世界遺産条約を締約したわけです。条約の締結業務については、外務省の所管ですが、文化遺産については、文化庁、自然遺産については、環境省（当時環境庁）と林野庁が主管官庁です。

　世界遺産条約に賛同する考え方に省庁間で温度差があったこと、また国土交通省（当時建設省）なども含めた関係省庁間の連絡や歩調が上手くとれていなかったことなどが想定されます。

Q4 世界遺産基金について。日本は相当の拠出国と聞きますが、具体的にはどの程度、負担しているのでしょうか？　また、基金の使途についても教えてください。
財政の苦しい途上国の中には、遺産登録されることで、自国の遺産の保護・保全費が、基金で賄われることに期待する向きもあるそうですが、いかがでしょうか？

A4 世界遺産基金の規模は、皆さんが想像されている程、大きなものではありません。
2004～2005（2年間）の予算額は、7,248,070USドル。日本の世界遺産基金への分担金予定額は、1,177,710USドル。

<u>2004年の分担金または任意拠出金の支払上位国</u>

① 日本　　　　　587,038 USドル
② ドイツ　　　　482,472 USドル
③ アメリカ　　　468,729 USドル
④ フランス　　　465,258 USドル
⑤ イギリス　　　187,911 USドル
⑥ イタリア　　　149,816 USドル
⑦ ブラジル　　　107,402 USドル
⑧ カナダ　　　　 86,285 USドル
⑨ スペイン　　　 77,287 USドル
⑩ 中国　　　　　 62,952 USドル

<u>世界遺産基金からの国際援助の種類</u>

①推薦すべき世界遺産の**事前調査費用**（Preparatory Assistance）に対する援助

　　＜例示＞ケニア　　　　Second International Experts Meeting　　69,101USドル
　　　　　　　　　　　　　on Great Rift Valley

　　　　　　ハンガリー　　Organization of a workshop for the　　　15,000USドル
　　　　　　　　　　　　　managers of World Heritage Sites in
　　　　　　　　　　　　　the countries of Central and Eastern Europe

②技術協力（Technical Cooperation）　保護や保全のための機材購入、修復・補修、
専門家の派遣

<例示>　バングラデシュ　　Buddhist Vihara at Paharpur　　　　　　40,000USドル
　　　　イラク　　　　　　Equipment for training on　　　　　　　30,000USドル
　　　　　　　　　　　　　　Photogrammetry techniques
　　　　スーダン　　　　　Jebel Barkal　　　　　　　　　　　　　30,000USドル
　　　　モロッコ　　　　　Ksar Ait-Ben-Haddou　　　　　　　　　　20,000USドル
　　　　ウガンダ　　　　　Kasubi Tombs　　　　　　　　　　　　　14,915USドル

③研修（Training）　文化財、自然遺産の保護や保全などの研修コースの開催

<例示>　ボツワナ　　　　International Training Workshop　　　　48,645USドル
　　　　スーダン　　　　　Jebel Barkal　　　　　　　　　　　　　38,900USドル
　　　　ガーナ　　　　　　Workshop on History, Slavery,　　　　　35,000USドル
　　　　　　　　　　　　　　Religion, and Culture in Ghana

④緊急援助（Emergency Assistance）　大地震等の不慮の事態により危機にさらされている
遺跡の保護

<例示>　イラク　　　　　Preparation of an urgent nomination of　50,000USドル
　　　　　　　　　　　　　the ancient city of Ashur to the World
　　　　　　　　　　　　　Heritage List

Q5　日本がこれまで登録申請した遺産で「落選」したケースはありません。他国に比べ保護・管理体制を万全にし、水も漏らさぬ推薦書を出す「完璧主義」だからだ、との指摘もありますが、ご見解は？　日本は少し、力を入れすぎの面があるのでしょうか？

A5　「完璧主義」は決して悪いことだとは思いませんが、世界遺産条約締約国（2004年11月現在178か国）の他の締約国と比較してみると、日本の場合、今後、自国の世界遺産を積極的に増やしていくという意欲が余り感じられません。暫定リスト記載物件の数を見ても日本はその数が少ないのもその表われです。(68頁「世界遺産暫定リスト記載物件数」を参照)

　世界遺産登録委員会に上程され登録の可否が決まるまでに、ユネスコ世界遺産センター、IUCNの専門機関などで、書類の形式や内容について厳格なチェックとスクリーニングが行われます。

　従って、世界遺産委員会には厳選された候補物件が上程されてくるわけですが、その結果、当選、落選といったオールタナティブな選別が行われるわけではありません。Deferred（検討の延期）、或は Referred（新たな情報を得るため、推薦国に再照会）の条件が付され、次回以降の世界遺産委員会までに条件をクリアし世界遺産になった事例は、これまでにも多々あります。

　むしろ真正性や完全性の条件を満たす為の改善措置を講じていく努力やそのプロセスこそが重要なのではないかと思います。

　従って、世界遺産委員会を1回でパスしなくても決して悲観する必要はないのですが、世界遺産条約履行の為の作業指針（オペレーショナル・ガイドラインズ）では、「世界遺産委員会が当

該物件を世界遺産リストに登録しないと決定したならば、推薦物件は再び世界遺産委員会には上程されません。但し、例外的には、新発見、或は、当該物件についての新しい学術的（科学的）情報、或は、もともと推薦された登録基準とは異なった登録基準を適用して、新たに新物件として推薦されなければならない。」という規定があるので、日本政府としては、世界遺産委員会で、Not Inscribedの決定を下されたくないのでしょう。

日本政府は、現在、ユネスコの事務局長を松浦晃一郎氏が務められていること、また、世界遺産委員会の委員国であることなどの立場にあり、日本政府推薦物件をNot Inscribedにしたくない気持ちもわかります。

Q6 知床について。11月5日に政府がIUCNに回答書を提出、12月にもIUCNの「結論」が出そうです。IUCNは①トドの餌であるスケソウダラの保護策が不十分。候補地内では禁漁もすべき②候補地内にあるダムの一部撤去も検討すべき、などと求めていましたが、回答書は「玉虫色」にとどまった感は否めません。実際、知床の登録の可能性は現時点でどの程度と考えれば良いのでしょうか？

A6 IUCNの評価は、

(1) データの収集

国連環境計画世界環境保全モニタリング・センター（UNEP/WCMC）の保護地域データベースを使用して、IUCNが標準データ・シートで物件の収集・編集を行います。

(2) 外部審査

知床について知識のある10〜15人の専門家（主にIUCNの専門家委員会とネットワークのメンバー）に書類を送付します。

(3) 現地調査

IUCNの専門家1〜2人（通常、IUCNの保護地域に関する世界委員会の世界遺産専門家ネットワーク、或は、IUCN事務局スタッフ）による調査を行います。

(4) IUCN世界遺産パネル審査

IUCN世界遺産パネルは、現地調査報告書、外部専門家のコメント、関連する背景資料をすべて審査し、技術評価報告書を最終的に纏めます。

技術評価報告書には、

- 推薦物件の顕著な普遍的価値
- 他の類似物件との比較
- 管理に関する審査
- 完全性の重要事項
- 登録基準の適用の評価
- 世界遺産委員会への勧告

などが簡潔に要約されて記述されます。

といった運びになりますが、現時点では、判断できません。

しかし、

❶トド（アザラシ目アシカ科　Eumetopias jubatus）は、個体群が著しく減少し、IUCNのレッド・リストで、絶滅危惧種に指定されており、保護が必要とされているが、漁業被害との調整が問題とされています。餌であるスケトウダラ、ホッケ、ホテイウオ、イカ、タコ類など魚類資源の保護と厳格な保護管理が必要とされています。野生水産動物の希少種の保護の立場では、漁業被害という理由でのトドの駆除は、もってのほかであり、乱獲による魚類資源の減少こそがトドの生息の脅威であると考え方になります。トドの保護と漁業とが共存できるかが争点になるでしょう。

❷推薦地内の河川工作物は、土砂流出や山復の崩壊を防ぎ住民の生命や財産を保全する為に設けられたものであるという考え方とサケ・マスの産卵の為の遡上の魚道の妨げになっている考え方の違いが表面化しています。IUCNからの書簡によると「河川工作物のいくつかについては、将来的に撤去も含みうる。推薦地内の河川に存在するすべて河川工作物に、サケの自由な移動を確保する為の魚道を整備することについて、IUCNは日本政府からの確約を求める。」と半ば、勧告になっています。

これら❶❷の争点を2005年7月の世界遺産委員会までにクリアーできるかというと現実的には厳しいといわざるを得ないでしょう。

トドやサケ・マスの立場に立てば、危機にさらされている生息環境下にあり、緊急保護を図って欲しいという状況にあるかもしれないし、人間の立場に立てば、共存は可能なはずという論理になるのかもしれません。

かかる状況から判断すると、IUCNの評価は、D　Recommended for deferral（見送りを勧告した）という世界遺産委員会への勧告になる可能性があります。従って、世界遺産委員会の登録の可否もDeferred（検討の延期）、或は Referred（新たな情報を得るため、推薦国に再照会）という結果になることも想定しておかなければなりません。

Q7　世界遺産の意義について。遺産登録となると、国立公園や天然記念物を保護するような国内的な視点を越え、もっと大きな視野で取り組む義務が生じてくると思いますが、遺産登録を目指すうえで、国や自治体、地元住民らが肝に銘じなければならない点はどのようなことでしょうか？

A7　世界遺産になるということは、人類共通の財産になるということで、世界的な監視の眼にさらされるということです。世界遺産になった後も定期的に保護管理状況についてのレポートの提出義務があります。世界遺産登録推薦書類に保証した完全性（インテグリティ）が世界遺産登録後に損なわれてはなりません。知床の貴重な自然環境を取り巻く自然や人為のあらゆる脅威から知床を守っていかなければなりません。

世界遺産になることによって地元、それに観光客の保全意識を高めていかなければなりません。そのことが結果的に知床の自然遺産としての価値を高めることになります。また、全日本的にも、知床が北海道だけの遺産ではなく、わが国を代表する地球上のかけがえのない自然遺

産であることの共通認識と保全意識をもっていかなければなりません。また、北海道においては、地元の自治体だけでは充足できないニーズを周辺地域の自治体等で、広域的に補完、協力していく体制が必要だと思います。

Q8　世界遺産の真正性と完全性とは

A8　世界遺産条約履行の為の作業指針（Operational Guidelines for the Implementation of the World Heritage Convention）で規定する世界遺産の資格条件としての真正性と完全性は、下記の通りです。

資格条件―真正性と完全性

世界遺産リストに登録する為に推薦された物件は、真正性と或は完全性の条件を満たさなければならなりません。これらの条件は、世界遺産リストへの登録時に、当該物件が顕著な普遍的価値を損なうことがなく、かつ、全体を代表するものであることの重要な特質を保証する為に適用されます。

<u>**真正性のテスト**</u>

■登録基準の（i）から（vi）のもとに推薦された物件は、真正性のテストに適合しなければならない。補遺4は、世界遺産リストに登録する為に推薦された文化的価値がある物件の真正性を審査する為の実際的な根拠になります。

■遺産に帰属する価値を理解する為には、この価値が信頼できる、或は、真実であるものとして理解してもよい情報源の程度にかかっています。文化遺産の本質と特性に関連した知識とこれらの情報源の理解は、真正性のすべての側面を評価する為の必要条件です。

■文化遺産に帰属する価値判断は、関係する情報源の信頼性と同様に、文化ごとに、また同じ文化の中でさえ異なるかもしれません。すべての文化を尊重することは、文化遺産が、それが帰属する文化の文脈の中で考慮され評価しなければならないことを要求します。

■文化遺産の性質とその文化的文脈により、物件は、その文化的価値（推薦登録基準が申請通りの）が、
- 形態と意匠
- 材料と材質
- 用途と機能
- 伝統
- 技術と管理システム
- 立地と環境
- 言語、それに無形遺産のほかの形態
- 精神と感性
- その他の内的外的要因

を含む多様な属性を通じて、真実性があり、信頼できるかどうかの真正性のテストをするのに理解されます。精神と感性のような束の間の属性は、真正性のテストの実際的な適用に安易に加えるのではないものの、重要な特性の指標です。

■全てのこれらの典拠を用いることが、文化遺産の特定の芸術的、歴史的、社会的、学術的な次元の厳密な検討を可能にします。情報源とは、文化遺産の性質、特性、意味および歴史を知ることを可能とするところの全ての有形の、文書の、口承の、及び、描かれた典拠と定義されます。

■真正性のテストは、物件の推薦を準備するのに考慮する際に、締約国は、最初に真正性の全ての重要な属性を確認すべきです。真正性の証明は、真正性が重要な属性の各々に該当する度合いに応じてそれから査定すべきです。

■考古学遺跡、或は、歴史的な建造物群或は地区の復元は、類いない環境下においてだけ、正当と認められます。復元は、完全で詳細な文書であって、かつ、推測に基づくものではない根拠に基づくものだけが受け入れられます。

完全性の条件

■完全性は、総体の尺度で、自然遺産それに或は文化遺産やその属性が無傷なことである。それ故に、完全性の条件を審査することは、当該物件が、
  - 顕著な普遍的価値を表わす必要な全ての要素を含む
  - 当該物件の重要性を伝える特徴や過程を完全に代表する相当の規模である
  - 開発そして或は放棄の逆効果がない
かどうかを評価する必要があります。

■登録基準が（i）から（vi）のもとに推薦された物件は、当該物件の物質的な構造それに或は、その重要な特徴は良好な状態で劣化を抑えるべきです。当該物件の全体価値を伝える重要な必要要素の割合を含めるべきである。文化的景観、歴史的な町並み、或いは、独自性のある他の現存する物件に存在する関係や機能も維持されるべきです。

■登録基準が（vii）から（x）のもとに推薦された物件は、生物・物理学的な過程や地形の特徴は相対的に無傷であるべきです。しかしながら、全体的に初期のままの地域はなく、全ての自然地域は活動状態にあり、ある程度は人間との接触が認められる。伝統的社会や地域社会の人々を含む人間の活動は、しばしば、自然地域で行われている。これらの活動は、生態的に環境を破壊しない当該地域の顕著な普遍的価値と調和しています。

■加えて、登録基準が（vii）から（x）のもとに推薦された物件にとって、完全性に対応する条件は、それぞれの登録基準で定義されています。

■登録基準（vii）のもとに申請された物件は、顕著な普遍的価値があり、かつその物件の美観の長期維持の為には、その保全が欠くことのできない地域を含むべきです。例えば、景観上の価値が滝の存在にかかっている物件の場合は、その保全がその物件の美質と維持と密接に関わるそれに接する集水域、および下流の生息地を包含するならば完全性の条件を満たします。

■登録基準（viii）のもとに申請された物件は、その全体または大部分において、自然環境上の繋がりの上で、相関的ないし相互依存的に重要な要素を持っているものです。例えば、「氷河期」地域とは、雪原、氷河自体とその削痕、堆積物とコロニゼーション（条痕、モレーン、植物遷移の初期段階など）を包含するならば完全性の条件を満たす：火山の場合は、そのマグマの固定

過程が完了し、各種の噴出岩と噴火のタイプの全部もしくは大部分が代表されているべきです。

■登録基準（ix）のもとに申請された物件は、遷移の基本的な様相を示す上で十分な規模と必要な要素をもっており、その内部に包含している生態系と生物の多様性保全の長期保全のために欠くことのできないものです。例えば、熱帯雨林地域は、海抜高度に関するある一定の差異や地形・地質の変化、水系、自然更新区域を有していれば、完全性の条件を満たす。同様に珊瑚礁は、養分と堆積物の礁池への流入を調整する緩衝帯として作用する海草、マングローブ、その他の隣接生態系が含まれなければなりません。

■登録基準（x）のもとに申請された物件は、生物多様性の保護にとって最も重要な物件であるべきです。これらの物件うち、生物的に最も多様性に富み、そして或は、代表的なものがこの登録基準に適合することになるでしょう。物件は、対象となる生物地理学上の区域及び生態系内における最も多様性に富んだ動植物相の特徴を維持するための生息地を含むべきである。例えば、熱帯サバンナ地帯の場合は、そこで共進化してきた固有の草食動物と植物群集を包含するならば完全性の条件を満たします。島嶼の生態系の場合は、そこに固有の生物多様性の維持のための生息地が含まれなければなりません。広い範囲の種を含む場所は、それらの種の存続を可能にするだけの個体数の生存を保証するのに欠くことのできないもっとも重要な生息地が含まれるに足るだけの大きさでなければなりません。渡りを行う種を含む地域の場合は、それがどこであれ、季節的な繁殖地、営巣地、移動のルートが適切に保護されなければなりません。

※世界遺産の登録基準（i）〜（x）は、世界遺産条約履行の為の作業指針の最新改訂版に拠ります。

最終的には、2005年7月上旬に南アフリカのダーバン市の国際コンベンション・センターで開催される第29回世界遺産委員会ダーバン会議で、IUCNの勧告と技術評価報告書を基に、「知床」をユネスコの「世界遺産リスト」に登録するかどうかの可否が決まります。

参考文献
- 「世界遺産ガイド－図表で見るユネスコの世界遺産－」（2004年12月）
- 「世界遺産ガイド－世界遺産の基礎知識編－」（2004年10月）
- 「世界遺産ガイド－自然景観編－」（2004年3月）
- 「世界遺産ガイド－生物多様性編－」（2004年1月）
- 「世界遺産ガイド－自然保護区編－」（2003年6月）
- 「世界遺産入門－過去から未来へのメッセージ－」（2003年2月）
- 「世界遺産学入門－もっと知りたい世界遺産－」（2002年2月）
- 「誇れる郷土ガイド－北海道・東北編－」（2001年5月）
（シンクタンクせとうち総合研究機構　発行）

本稿は、知床の世界遺産化に伴う新聞社等からの取材等をQ&A形式に取りまとめたものです。

日本における世界遺産条約締約後の自然遺産関係の主な動き

年　月	内　　容
1992年6月	世界遺産条約締結を国会で承認。
1992年6月	世界遺産条約受諾の閣議決定。
1992年6月	世界遺産条約の受諾書寄託。
1992年9月	わが国について世界遺産条約が発効。
1992年10月	ユネスコに白神山地、屋久島の暫定リストを提出。
1993年11月	環境基本法制定
1993年12月	生物多様性条約が国内発効
1993年12月	世界遺産リストに「屋久島」、「白神山地」が登録される。
1994年12月	環境基本計画を閣議決定
1995年10月	生物多様性国家戦略を地球環境保全に関する関係閣議会議が決定
1998年11月	第22回世界遺産委員会京都会議
1999年11月	松浦晃一郎氏が日本人としては初めてのユネスコ事務局長（第8代）に就任。
2000年5月	世界自然遺産会議・屋久島2000
2001年1月	省庁再編で、環境庁は環境省へ
2002年6月	世界遺産条約受諾10周年
2003年3月	第1回世界自然遺産候補地に関する検討会（環境省と林野庁で共同設置）
2003年3月	第2回世界自然遺産候補地に関する検討会で、詳細に検討すべき17地域を選定 利尻・礼文・サロベツ原野、知床、大雪山、阿寒・屈斜路・摩周、日高山脈、早池峰山、飯豊・朝日連峰、奥利根・奥只見・奥日光、北アルプス、富士山、南アルプス、祖母山・傾山・大崩山、九州中央山地と周辺山地、阿蘇山、霧島山、伊豆七島、小笠原諸島、南西諸島の17地域を選定
2003年4月	第3回世界自然遺産候補地に関する検討会で、三陸海岸、山陰海岸の2地域を加えた19地域について詳細検討
2003年5月	第4回世界自然遺産候補地に関する検討会で、知床、大雪山と日高山脈を統合した地域、飯豊・朝日連峰、九州中央山地周辺の照葉樹林、小笠原諸島、琉球諸島の6地域を抽出。登録基準に合致する可能性が高い地域として、知床、小笠原、琉球諸島の3地域を選定
2003年6月	中央環境審議会自然環境部会で、「世界自然遺産候補地に関する検討会の結果について」報告
2003年9月	第5回世界公園会議が、南アフリカのダーバンで開催される
2003年10月	「知床」を新たな自然遺産の候補地として、政府推薦、小笠原、琉球諸島については、保護管理措置等の条件が整い次第、推薦書の提出をめざす方針。
2004年1月	「知床」の推薦書類を、ユネスコに提出
2004年3月	雲仙、霧島、瀬戸内海国立公園指定70周年
2004年7月	IUCNの専門家、「知床」を事前調査
2005年7月	南アフリカのダーバンで開催される第29回世界遺産委員会で「知床」の登録可否が決定
2005年10月	第2回世界自然遺産会議　白神山地会議

☞ 「世界遺産ガイド―日本編―2004改訂版」（シンクタンクせとうち総合研究機構）
　「世界遺産ガイド―日本編―2.保存と活用」（シンクタンクせとうち総合研究機構）
　「世界遺産ガイド―基礎知識編―2004改訂版」（シンクタンクせとうち総合研究機構）

世界遺産登録の登録要件

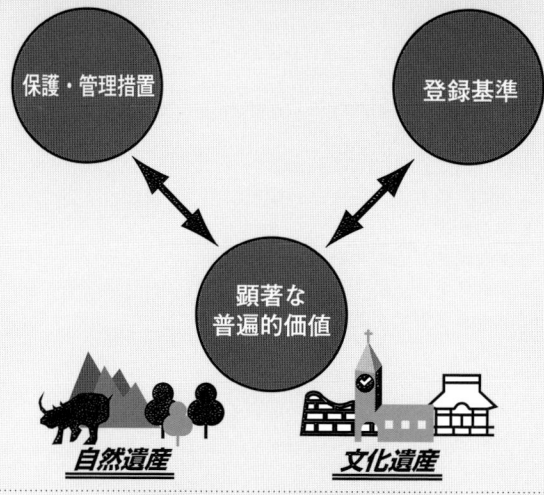

- 保護・管理措置
- 登録基準
- 顕著な普遍的価値

自然遺産　　文化遺産

（「顕著な普遍的価値」の正当性）

☐ Criteria met（登録基準への該当）
☐ Assurances of authenticity or integrity（真正さ、或は、完全性の保証）
☐ Comparison with other similar properties（他の類似物件との比較）

（注）真正さとは、意匠、材料、工法、環境等が元の状態を保っているかどうかをいう。
　　　復元については、推測を全く含まず、完璧、詳細な文書に基づいている場合にのみ認められている。

顕著な普遍的価値

事例研究　自然遺産

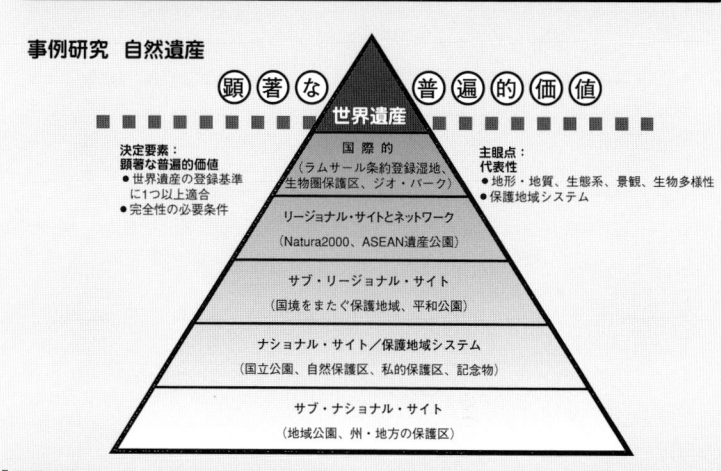

顕著な普遍的価値

世界遺産

決定要素：
顕著な普遍的価値
● 世界遺産の登録基準に1つ以上適合
● 完全性の必要条件

主眼点：
代表性
● 地形・地質、生態系、景観、生物多様性
● 保護地域システム

国際的
（ラムサール条約登録湿地、生物圏保護区、ジオ・パーク）

リージョナル・サイトとネットワーク
（Natura2000、ASEAN遺産公園）

サブ・リージョナル・サイト
（国境をまたぐ保護地域、平和公園）

ナショナル・サイト／保護地域システム
（国立公園、自然保護区、私的保護区、記念物）

サブ・ナショナル・サイト
（地域公園、州・地方の保護区）

☞ 「世界遺産ガイド―世界遺産の基礎知識編―2004改訂版」（シンクタンクせとうち総合研究機構）
　「世界遺産入門―過去から未来へのメッセージ―」（シンクタンクせとうち総合研究機構）
　「世界遺産ガイド―図表で見るユネスコの世界遺産編―」（シンクタンクせとうち総合研究機構）

IUCNの評価手続き

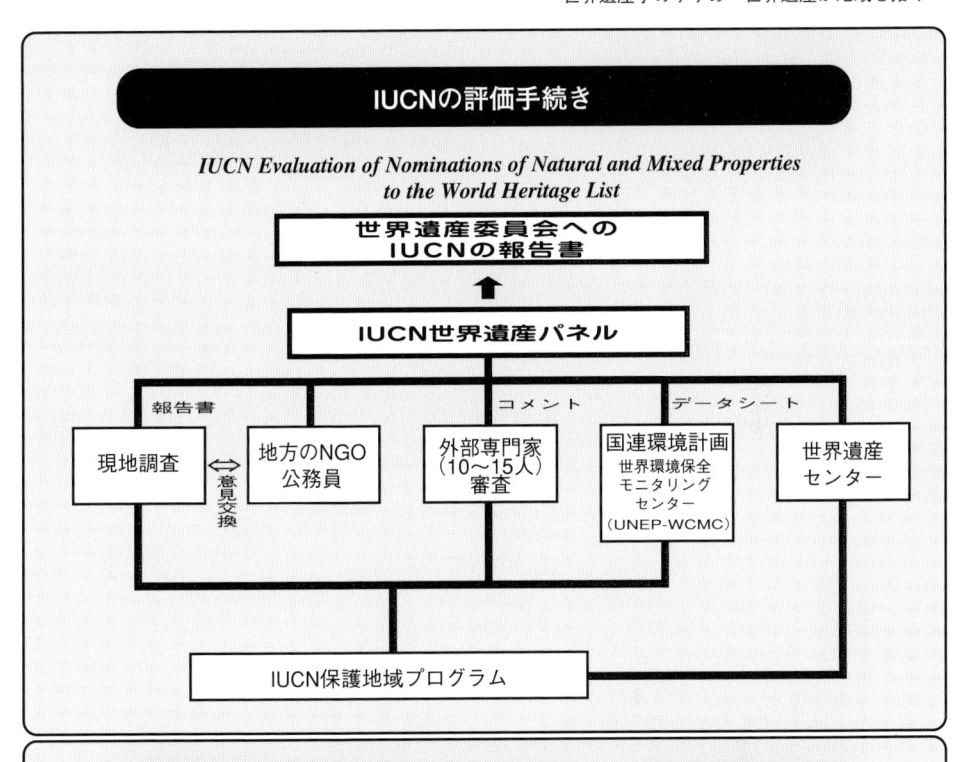

IUCN Evaluation of Nominations of Natural and Mixed Properties to the World Heritage List

```
                    世界遺産委員会への
                      IUCNの報告書
                            ↑
                   IUCN世界遺産パネル
```

報告書 / コメント / データシート

- 現地調査 ⇔(意見交換)⇔ 地方のNGO・公務員
- 外部専門家（10～15人）審査
- 国連環境計画 世界環境保全モニタリングセンター（UNEP-WCMC）
- 世界遺産センター

→ IUCN保護地域プログラム

IUCNの評価レポートの項目

1. 専門知識の収集	i) IUCN／WCMCデータ・シート
	ii) 参考文献
	iii) コンサルテーション協議
	iv) 現地調査
2. 自然価値の要約	
3. 他地域との比較	
4. 完全性	4-1 法的地位
	4-2 管理
	4-3 境界
	4-4 人的インパクト
	4-5 他の脅威
	4-5-1 法律の施行
	4-5-2 分散化
	4-5-3 経営資源
	4-5-4 国際援助
5. 追加のコメント	
6. 登録基準の申請／重要性の証明	
7. 勧告	

「知床の世界遺産登録に関するIUCNから環境省への照会」に関する私見について

2005年2月24日

世界遺産総合研究所　所長　古田陽久

　IUCNから環境省への2005年2月2日付けの照会については、いろいろ憶測されていますが、当方の私見としては、2004年12月13日〜17日に開催されたIUCNの評価委員会での検討の結果、ユネスコへのIUCNの評価報告書の結論として、現状、(C) 照会することが必要な物件として勧告されることが推測されます。

　その理由は、先回、環境省がIUCNに回答した「多様型統合的海域管理計画」の策定だけでは、知床を世界遺産にする為の自然遺産の登録基準のクライテリアの適用について、全ての完全性(Integrity) の条件を満たさないということです。

　すなわち、日本政府からの推薦書類で、知床は、適合する登録基準（申請時）として、(ii)、(iii)、(iv) の3つが該当するとしていますが、
(ii) 陸上、淡水域、沿岸・海洋生態系、動・植物群集の進化や発展において、進行しつつある重要な生態学的・生物学的過程を代表する顕著な例であること
(iv) 学術上、或は、保全上の観点から見て、顕著な普遍的価値を有する、絶滅危惧種を含む野生状態における生物多様性の保全にとって最も重要な自然の生息・生息地を含むことの登録基準を適用する際の完全性の条件を満たしていないという指摘です。

　IUCNとしては、回答期限（遅くとも2005年3月末日）までに、その完全性を満たす内容の公式回答を日本政府からIUCNではなく、直接、ユネスコ世界遺産センターのフランチェスコ・バンダリン所長にすることを要求しています。

　ユネスコ世界遺産センターは、世界遺産委員会の事務局ですから、「IUCNの評価報告書では、(C) になっているが、その後日本政府からこの様な内容の回答が寄せられた」と7月10日〜16日に南アフリカのダーバン市の国際コンベンション・センターで開催される世界遺産委員会での知床の審議の際に、ユネスコ世界遺産センターのフランチェスコ・バンダリン所長から報告されるものと思われます。

　こうした状況の中で、南アフリカのセンバ・ワカシェ（Mr.Themba Wakashe）議長の下に、知床を世界遺産リストに登録するべきかどうか、△アルゼンチン、中国、○コロンビア、エジプト、○レバノン、○ナイジェリア、オーマン、○ポルトガル、ロシア連邦、セントルシア、◎南アフリカ、イギリス、チリ、ベニン、インド、日本、クウェート、リトアニア、○ニュージーランド、オランダ、ノルウェーの21か国の世界遺産委員会の委員による審議が行われます。◎議長国、○副議長国、△ラポルトゥール（書記国）

　もし、仮に意見が割れた場合は、「世界遺産委員会の手続き規則」にもとづいて、三分の二の多数決で、採決されることになります。
　現実問題として、IUCNの回答期限までに、完全性を満たす、また、これを証明する回答を日本政府が示せるかどうかについては、『将来的に、海洋保護区を設定する為の「海洋保護法」(Marine Reserves Act)、或いは、「海洋生物保護法」を新たに制定し、「知床海洋保護区」、或は、「知床海洋生態系保護区」、或は、「オホーツク海海洋保護区（海洋生態系保護区）」の設定を図りたい』と言った明確な法的担保措置を講じる旨の回答であれば、知床は世界遺産に登録されるものと思われます。

しかしながら、日本政府から先回の様に明確な確約が得られないならば、世界遺産委員会においても、（ｃ）検討を延期する物件、或は、（ｄ）新たな情報を得る為、推薦国に再照会するころが必要な物件としての結論に達する可能性があります。

もし、結果的にその様になりますと、登録準備段階にある、「小笠原諸島」や「琉球諸島」についても、同様に、海洋保護のあり方が問われる懸念があり、何としても、今回、知床を世界遺産にしておきたいというのが環境省の思いだと思います。

その為には、その場しのぎではなく、国際的な海洋保護の高まり、1961年に設立された世界最大の民間自然保護団体WWF（World Wide Fund For Nature）が選んだ「エコ200」のエコ・リージョン（Eco-region）の考え方、また、生物多様性国家戦略の視点からも、海洋国家日本にとって、面的、或は、広域的に、新たに、「海洋保護法」、或いは、「海洋生物保護法」の立法、制定を真剣に考える必要があるのではないかと思います。

2004年11月にタイのバンコクで開催されたIUCNの「世界自然保護会議」（4年に1回開かれるIUCNの総会）でも、世界的な海洋保護のあり方が重要なテーマになりました。「世界自然保護会議」の最終日には、これまで自由な漁業が認められている「公海」（外洋）においても無秩序な乱獲（Over fishing）を防ぐため、自然保護区を実現させるとの決議を採択したことから、今後、海洋保護地域、或は、海洋保護区（Marine Protected Area、或は、Marine Reserve）の設定は自然保護の最大のテーマになるものと思われます。

また、わが国は生物多様性条約の締約国（1993年5月）でありながら、これに対応する国内法がありません。既存の「鳥獣保護法」、「種の保存法」等の法律では野生生物のすべてを対象にできないため、わが国の野生生物全体を包括的に保全できる法制度としての「野生生物保護法」の制定も必要なのではないかと思います。

例えば、トド（学名Eumetopias jubatus　英名Steller sea lion）を例にとると、国際的には、IUCNのレッド・リストで、絶滅危惧種に指定されています。トドは、日本の法律では、水産庁の「漁業法」で、水産資源としての位置づけでの保護はされていますが、海棲哺乳類としては、環境省の「鳥獣保護法」や「種の保存法」でも保護の対象にはなっていません。この例に見るように、野生生物の保護のあり方や認識にしても、日本と国際的な認識との間には大きなズレがあるのではないかと危惧しています。

2005年から、国連の「持続可能な開発の為の教育の10年」（2005〜2014年　ユネスコがリード・エージェンシー）がスタート・アップします。「持続可能な開発」（Sustainable Development）、すなわち、人間の暮らしから開発は切り離せないが、使い果たす、破壊する形の開発から、いつまでも持続できるような、自然や動植物など地球上の全ての生物と共生していける開発・発展が求められています。

わが国の水産業にとっても、世界的な海洋保護の動きは避けて通れない課題であり、海洋生態系の保護、野生生物との共存のあり方についても真剣に考えなければならない時期にある様に思います。

尚、海洋保護に関する法律を有する国としては、オーストラリアの「環境保護と生物多様性保護法」（The Environment Protection and Biodiversity Conservation Act）、ニュージーランドの「海洋保護法」（The Marine Reserves Act）、カナダの「海洋法」（The Oceans Act）、アメリカ合衆国の「海洋生物保護法」（Marine Life Protection Act）等があります。

知床・世界遺産登録実現に向けてのエール

　個人的には、日本では、13件目の世界遺産（自然遺産では3件目）それに、北海道初の世界遺産が誕生することを期待しています。持続的な漁業が可能な「海洋保護区」の設定とサケやマスの遡上や生態系を守る「ダム」の撤去の2つの課題がありますが、たとえ、将来的な課題として条件が付けられるにせよ、完全性が担保されていないことを理由に登録が見送りにならないことを願うばかりです。

　12月中旬にIUCN本部で開催されたIUCN世界遺産パネルでは、IUCNがユネスコから専門的評価を依頼された各物件について、各国から提出された登録推薦書類の技術的なレビュー、IUCNから候補地に派遣された専門家ミッションによる現地調査報告書、外部専門家のコメントを基に議論がなされました。

　IUCNは、今回の世界遺産パネルで審議の対象になった下記の20物件の物件名を、先日、インターネットのホームページで公表しました。自然遺産関係の10物件（既登録物件で登録範囲の拡大する1物件を含む）、自然遺産と文化遺産の両方の登録基準に適合する複合遺産関係の3物件、自然環境と人間活動との共同作品である文化的景観（注）関係の7物件の3分野に分けて載せていますが、その中で、自然遺産関係の日本の「知床」（デイビッド・シェパード氏撮影）とインドの「フラワーズ渓谷」の写真だけがクローズ・アップされて掲載されていたのが印象的でした。
（注）文化的景観は、文化遺産のカテゴリーで、ICOMOS（国際記念物遺跡会議）が主担当ですが、自然環境についてIUCNの評価を求めているものです。

　日本の「知床」については、今回名前があがっている自然遺産関係の候補物件との相対評価ではなく、あくまでも、「知床」が世界自然遺産にふさわしい物件かどうかの絶対評価がIUCN世界遺産パネルでは行われ、IUCNとしての世界遺産委員会への勧告の方針が決められました。

　他の物件についても、知名度が高いかどうかは別として、顕著な普遍的価値を有する世界的な地形・地質、生態系、自然景観、生物多様性を誇る自然科学の各分野を代表するものばかりです。

　なかでも、インドネシアの西カリマンタン州とマレーシアのサラワク州にまたがり、ボルネオ・オランウータンなどの絶滅危惧種が生息する貴重な生物多様性が不法な木材の伐採などで危機にさらされている「ボルネオの越境の熱帯雨林遺産」、ノルウェーの世界屈指のフィヨルド（峡湾）地形と自然景観を誇る「西ノルウェー・フィヨルドーガイランゲル・フィヨルドとナールオイ・フィヨルド」、メキシコの海洋生態系と生物多様性が無秩序な資源開発などで危機にさらされている「カリフォルニア湾の諸島と保護地域」、南アフリカの世界最大で最古と言われる隕石のドームである「フレデフォート・ドーム」、スイスの地質学的にも大変貴重な「グラルス水平衝上断層」などのスケールは、圧巻です。

　今後、5月までに、各物件についての技術評価報告書（推薦物件の顕著な普遍的価値、世界遺産リストや暫定リストに記載されている類似物件との比較、管理に関する審査、完全性の重要事項、登録基準の適用の評価、世界遺産委員会への勧告）がまとめられユネスコ世界遺産センターに報告されます。

自然遺産関係　10物件
○エジプトの「ワディ・アル・ヒタン（ホウェール渓谷）」
○インドの「フラワーズ渓谷国立公園」＜1988年に既に世界遺産リストに登録されている「ナンダ・デヴィ国立公園」の登録範囲の拡大＞
○インドネシア／マレーシアの「ボルネオの越境の熱帯雨林遺産」
○日本の「知床」
○メキシコの「カリフォルニア湾の諸島と保護地域」
○ノルウェーの「西ノルウェー・フィヨルドーガイランゲル・フィヨルドとナールオイ・フィヨルド」
○パラグアイの「バラカユ森林自然保護区」
○南アフリカの「フレデフォート・ドーム」
○スイスの「グラルス水平衝上断層」、
○タイの「ドン・ファヤエン― カオヤイ森林保護区」

複合遺産関係　3物件
○コロンビアの「チリビケテ山地自然国立公園」
○ガボンの「ロペ・オカンダの生態系と文化的景観」
○ガボンの「ミンケベ森林の生態系と文化的景観」

文化的景観関係　7物件
○アルメニアの「グニシカゾル地域の文化的景観」
○オーストリアの「アンブラス城とノルトケッテ・カーヴェンデル・アルプス公園があるインスブルックの歴史地区」
○キルギスタンの「イシク・クル」
○リトアニアの「トラカイ歴史国立公園」
○モーリタニアの「アズギーオアシスとアルモラヴィドの首都」
○ナイジェリアの「オシュン・オショグボの聖なる森」
○スロヴァキアの「スロヴァキアの牧草地景観」
（出所）世界遺産総合研究所の仮訳による

第29回世界遺産委員会が開催されるダーバン

知床・世界遺産への道－人間と生物との持続可能な共存・共生－

2005年3月26日

知床のユネスコの世界遺産リストへの登録の可否が7月10日から17日まで、南アフリカのダーバン市で開催される第29回世界遺産委員会で決まります。

世界遺産になれば、わが国では、13件目の世界遺産（自然遺産では3件目）となり、北海道からは最初の世界遺産の誕生となります。

もし、世界遺産になれなければ、世界遺産にはふさわしくない、或は、登録要件を完全に満たしていないことになるので、その条件をクリアしなければなりません。

知床は、環境省と林野庁による有識者からなる「世界自然遺産候補地に関する検討会」で、2003年5月に、小笠原諸島、琉球諸島と共に世界自然遺産候補地として選定されました。

2003年10月には、3地域の関係都道府県の意見や保護担保措置の状況等をもとに検討が行われ、2004年1月に知床の推薦を政府として決定、推薦書類を提出期限の2004年2月2日までにユネスコ世界遺産センターへ提出しました。

そして、2005年7月の世界遺産委員会で登録の可否が決まるのであるから、登録手続きは、実にスムーズに進んだケースといってよいでしょう。

この間、2004年7月に、世界遺産にふさわしいかどうかの専門的な調査と評価を行うIUCN（国際自然保護連合）が専門家ミッションを知床に派遣し、そして、2004年12月にはIUCNの評価パネルが開催され、最終的な結論を出すまでに、2004年11月と2005年2月の2回にわたって、バッファー・ゾーンなど世界遺産への登録範囲と保護管理措置について、IUCNから環境省へ質問形式での照会を受けています。

争点になったのは、漁業や河川工作物など人間の営みや工作、そして、スケトウダラ、ホッケ、サケ、マス等の魚介類、トドやアザラシ類などの海棲哺乳類、オオワシ、オジロワシなどの鳥類など生態系の保護と生物多様性の保全についてです。

私たちの食生活にも影響する漁業は続けてもらわないと困るし、乱獲、妨害、駆除等によって、生態系のバランスが崩れ、種の保存がはかれずないのも困りものです。

2005年から、国連の持続可能な開発の為の教育の十年（2005～2014年）がスタートしました。人類、そして、人間が生活していく為には、経済活動や開発行為は避けて通れません。

しかしながら、私たちは、それらの為に、地球上の貴重な自然環境を喪失したり、先人が残した貴重な文化財などを破壊することなく、守り、未来へと継承していく責務があります。

持続可能な開発の為の教育とは、抽象的でわかりにくいが、知床の世界遺産登録に向けての課題そのものが、漁業と保護・保全のバランスのあり方と問題解決策を考えるうえでの、具体的なテーマを投げかけられた思いもします。

　地球上のかけがえのないオホーツク海や知床半島の自然環境を守る。水産資源も枯渇してしまったら、この地域の長期的な経済的、そして、社会的な発展はありえません。

　教育的な視点では、自然保護教育、或は、環境教育の分野になるでしょうか。国の立場、人間の立場、海洋生物の立場で、その脅威、危険、危機の因子は異なり、利害も錯綜します。

　人間と生物とが持続可能な共存・共生できる環境を考え、恒久的な保護管理措置を講じていくことが、知床が世界遺産になる道筋であるように思います。

　時おりしも、愛知万博が開幕しました。愛・地球博覧のテーマは、「自然の叡智」です。地球上の総ての「いのち」の持続可能な共生と共存を図り、世界に誇れる生物多様性国家をめざさねばなりません。

　知床に続く世界自然候補地である小笠原諸島、琉球諸島も海域を含みます。海洋国家日本にとって、海域の生態系をも守る「海洋保護法」を立法化する時期が来ている様にも思います。

参考文献
- 「世界遺産ガイド－自然保護区編－」（2003年6月）
- 「世界遺産ガイド－生物多様性編－」（2004年1月）
- 「世界遺産ガイド－自然景観編－」（2004年3月）
（シンクタンクせとうち総合研究機構　発行）

氷上のオジロワシ

知床半島

冬の知床連山

氷上のアザラシ

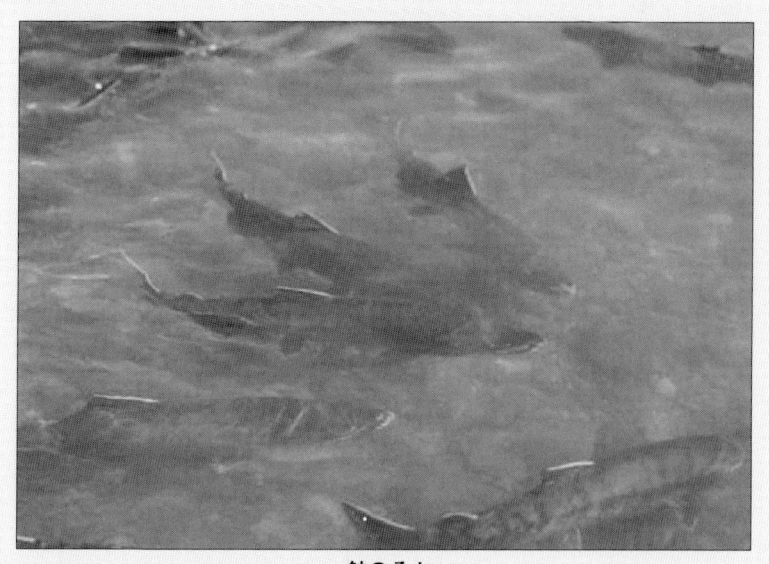

鮭のそ上

出羽三山・世界遺産への道

羽黒山の石段と杉並木（羽黒町）

出羽三山・世界遺産プロジェクトへの指針

「世界遺産」とは

　2004年5月現在、日本では11物件の世界遺産が登録されています。登録の前段階の「暫定リスト」には、「紀伊山地の霊場と参詣道」「平泉の文化遺産」「石見銀山の遺跡」の3つが挙げられ、その中で「紀伊山地の霊場と参詣道」※は、2004年7月に中国で開催の第28回の世界遺産委員会で登録が決まる見込みです。（※2004年7月に登録済み）また、平泉、石見銀山も登録に向けて環境整備を進めています。

　また、自然遺産では、「北海道の知床」「東京都の小笠原」「鹿児島県と沖縄県にまたがる琉球諸島」の3つを学術専門家が検討し、「知床」を2004年の2月にユネスコに暫定リスト申請、2005年の第29回世界遺産委員会で、世界遺産リストへの登録可否が決まります。

　このように、近年、テレビ・新聞・雑誌などで取り上げられ、非常に関心が高まり、現在、日本でも50近い地域が地元の地域遺産を世界遺産にしたいという運動がおきています。

　しかし、本当の「世界遺産」の意味は、、観光振興・経済振興のための条約ではなく、「守るため」の条約であることです。世界的な価値基準で地域を見つめ、そして地域を見つめ直す意味がそこにはあるわけです。「誇れる郷土づくり」、「まちづくり」が一番重要で、その視点を忘れてはいけません。

出羽三山の登録の可能性

世界遺産登録には、

① 世界的に顕著な普遍的価値があること
② ユネスコが定める世界遺産の登録基準を満たしていること
③ 世界遺産としての価値を将来も継承していくために、現行の自然公園法や自然環境保全法、あるいは文化財保護法など、恒久的な法的保護と法的管理措置が講じられていること
が挙げられます。

　このことから、出羽三山は、多くの文化財、自然遺産等を有し、国立公園など法的な整備ができており、世界遺産化は、決して不可能ではない、と考えています。

　しかし、2004年7月の世界遺産登録見込みの「紀伊山地の霊場と参詣道」とは、霊場と参詣道、熊野三山、修験道など、一般的によく似ている面もあるわけです。そのため、出羽三山がもつ多面的・学術的な価値や、日本の歴史の中でどんな重要性があるか、世界的に見たらどうなのか、世界の山岳宗教との違いなど、独自性を証明する必要があります。

もう一つの広域的な視点

　山形を代表するものは、出羽三山、庄内平野、最上川など、全国的にも知名度もあり、立派

なものです。そこに広域的な観点で、この物語を考えると、例えば、「出羽三山と最上川の文化的景観」のようなイメージで、庄内平野や最上川を引き込んだ方がいいと思います。そして松尾芭蕉も出してきていいでしょう。歴史的人物とからめてこそ、一つの「出羽三山物語」が描けるわけで、西洋のものとは違う、日本的な独自性を出す「一つのシナリオ」を作っていく必要があると思います。

そこに暮らす人々と自然環境との共同作品ともいえる文化的景観のシナリオを描いてみるのも一つの考え方です。

新しい要素「文化的景観」

今後、重要になってくるのが「文化的景観」という言葉です。ユネスコの専門家の定義によると、人間と自然環境との共同作品という意味ですが、例えば、フィリピンの棚田、フランス、イタリア、ポルトガル、ハンガリーなどのブドウ畑の農業景観が世界遺産になっています。

日常的に見ている庄内平野とか、農業景観とか、農村景観とか、素朴な何の変哲もないものでも、見る人が見た場合、非常に評価する場合があるのです。

また、新たに国の文化的景観を文化財にしようとする動きもあり、文化庁が全国の文化的景観をピックアップしています。その中に水田の広がる庄内平野の農業景観、庄内浜の砂防林、波の花などがそのリストに入っています。それが世界遺産に直接結びつかなくても、意外なものが評価されているのです。

世界遺産の意義と波及効果

世界遺産に登録された地域は、結果的に、観光客数は確実に増えます。白川郷は、今、何十倍の観光客が来ているそうです。また、世界遺産登録によって、子供たちや地域の出身者の意識が大きく変わってきたそうです。地元の受け入れ体制では、海外からのお客様、外国語での案内などで言葉の問題をクリアしたりソフト面の充実も図られました。

しかし、プライバシーの侵害、ごみやし尿処理など新たに、「観光公害」と呼ばれるものが発生しているのも事実です。

また、宿泊施設がないと、結果的に遠くに宿泊する通過型の観光になる場合もあり、足りないものは補完し合う「広域連携」を図っていくことも重要なことです。

世界遺産への道程

世界遺産への道のりは、長い時間と膨大な作業、そしてあふれる熱意が必要ですが、「夢のあるプロジェクト」ですので、前向きに取り上げて欲しいと思います。

観光振興、経済振興のための条約ではない、守るための条約ですが、そこに周辺のいろいろな問題を解決する上で、ソフト・ハード的な事業にもつながって、新しい発見に繋がる可能性もあります。

世界遺産へのプロセスは「まちづくり」「地域づくり」

　庄内地方の地域づくり、広域連携の強化から、日本の「出羽三山」、世界の「出羽三山」をどのようにアピールするか、出羽三山物語を描くのは、皆さん自身なのです。

質疑応答

Q　朝日連峰は高山植物とかなど珍しい植物群がある。そういうところを見ると、エリアが広くなる。出羽三山というエリアをどう捉えたらよいか？

A　飯豊朝日連峰は環境省の自然遺産になり得るリストの11ぐらいの中には入っています。その上位3つは、「知床」、「小笠原諸島」、「琉球諸島」で、飯豊朝日連峰は次の次位の候補ですので、出羽三山とは少し離して考えた方がいいと思います。

Q　世界遺産登録後の様々な規制が心配されています。出羽三山の場合は、2004年も合祭殿の防災設備を行いますが、今後、新しい設備が必要になってくると思います。そのときの規制はどんなものが考えられますか？

A　世界遺産条約は、その国の法律に基づいて規制されます。日本の場合、文化財保護法、自然公園法、景観法等に準拠した地域整備であるならば、問題はありません。

　ただ、申請内容と土地の形状や形式などが著しく変わってしまうと、真正性や完全性が損なわれるなどクレームが来るケースは考えられます。しかし、この条約は、「守られるものを守らなければならない」のであって、開発する条約ではありません。また、世界遺産に登録されたから、何かが今までと変わってしまうことは、日本の法律や地元の条例等を遵守している限りないと考えます。

　ただし、例えば、漁場が使えなくなれば、漁業に影響が出てきますので、漁業補償の問題が発生する場合など、いろんな利害関係、調整事項が必要な場合もあります。

　しかし、長い歴史を考えると良いものを「守る」が、ずっと先の未来には「財産になる」ことに繋がるという考え方を忘れてはいけないと思います。

参考文献
- 「世界遺産データ・ブック－2005年版－」（2004年7月）
- 「世界遺産ガイド－特集　第28回世界遺産委員会蘇州会議－」（2004年8月）
- 「世界遺産ガイド－文化遺産編－ 4.文化的景観」（2002年1月）
- 「世界遺産ガイド－自然景観編－」（2004年3月）
- 「誇れる郷土ガイド－全国47都道府県の誇れる景観編－」（2003年10月）
（シンクタンクせとうち総合研究機構　発行）

本稿は、2004年5月21日の庄内地方町村長・議会議長合同懇談会において、古田陽久が講演した「出羽三山・世界遺産プロジェクトへの指針」を基に加筆したものです。

世界遺産学のすすめ―世界遺産が地域を拓く―

杉並木に凛とたたずむ羽黒山五重塔

出羽三山神社三神合祭殿

「出羽三山と周辺地域の世界遺産登録」を目指して
～出羽三山と庄内平野の文化的景観～

「文化的景観」という概念

今世界遺産を考える上で、「文化的景観」というものが重要視されています。これは、人間と自然環境との共同作品といえる景観で、

①庭園、公園など人間によって意図的に創造された景観
②棚田など農林水産業などの産業と関連して進化した景観
③聖山など自然的要素が強い宗教、芸術、文化などの関連する文化的景観

の3つのカテゴリーに分類できます。2004年7月に世界遺産登録された「紀伊山地の霊場と参詣道」は③の文化的景観という概念に含まれます。日本も現在「文化財保護法」の改正と「景観法」の制定が行われ、文化財保護法の改正（2005年4月1日施行）により、将来的に、棚田、里山、水田、用水路、りんごやぶどう畑等、牧場、防波堤、砂防林などが文化財（重要文化的景観）になる日がきます。

「ヨーロッパのぶどう畑」の農業景観が世界遺産になっているので、日本の米の農業景観が世界遺産になってもおかしくない。庄内地方には今回で2回目。飛行機から見える庄内平野の農村風景は、何か「日本の原風景」のようで、映画のロケ地に選ばれるのも理解できます。

従って、米どころ「庄内平野の農業景観」も、「重要な文化的景観」と考えられるのです。

出羽三山と庄内平野の文化的景観

出羽三山の世界遺産化は不可能ではないと思います。しかしながら、「紀伊山地の霊場と参詣道」との違いや比較、顕著な普遍的価値の証明など、出羽三山と庄内平野の独自性を明らかにしていく必要があります。

その為には、出羽三山だけではなく、広域的に周辺の庄内平野や最上川も包合し、そこに暮らす人間と自然環境との共同作品ともいえる文化的景観、すなわち、「出羽三山と庄内平野の文化的景観」のシナリオを描いてみてはどうかと思います。

今後の取り組みについて

地元の山形県庁が実施している「近未来やまがた・世界遺産育成プロジェクト」で、世界遺産育成候補地に選定され、名実共に県を代表する世界遺産候補として認知されることが重要です。「出羽三山を世界遺産に！」など地元の思いをインターネットを通じて全国へ発信し、賛同の輪を広げていく手法も有効です。

また、面的な整備としては、出羽三山と庄内平野を観光の通過点ではなく、出羽三山と庄内平野の自然、歴史、風土、民俗、文化が学べ、一日いても時間が足りなくなる様な施設整備も検討してください。

世界遺産化の本当の意味

　世界遺産化は、一つの方向性と通過点に過ぎません。本当に大切なことは「地域づくり」「まちづくり」なのです。地域の人が地域を見つめ直す、本当の大切さを再発見することが重要なのです。

　そして、出羽三山と庄内平野の自然環境、歴史景観、農業景観を守っていくことが自ずと地域の魅力を増し、地域振興効果も高いものになりますので、世界遺産化に向けての運動や活動は決して無駄にはなりません。

　羽黒山の杉並木や五重塔、湯殿山のご神体をヨーロッパの人が見たら、本当に驚くと思います。これ以外にも多くの庄内地方の魅力を再発見して、そして未来の子どもたちのために大切に守り、継承してください。

　出羽三山を歩く山伏達、その自然を育む月山、そして庄内平野の文化的な農業景観、最上川、鳥海山、庄内砂丘、砂防林……。そして、この歴史ある庄内平野を訪れた文人「松尾芭蕉」の足跡をたどる文化の道……。

　みなさんも壮大なシナリオを描いてみてはいかがでしょうか。

＜山形県の動き＞

　山形県では、10年後に世界遺産を目指す「近未来やまがた・世界遺産育成プロジェクト」が進行中で、2005年3月に、山形県内1か所を選定するため協議を重ねています。その中でも出羽三山が注目されています。

参考文献
- 「世界遺産データ・ブック－2005年版－」（2004年7月）
- 「世界遺産ガイド－特集　第28回世界遺産委員会蘇州会議－」（2004年8月）
- 「世界遺産キーワード事典」（2003年3月）
- 「世界遺産ガイド－文化遺産編－ 4.文化的景観」（2002年1月）
- 「世界遺産ガイド－自然景観編－」（2004年3月）
- 「誇れる郷土ガイド－全国47都道府県の誇れる景観編－」（2003年10月）
- 「誇れる郷土ガイド－北海道・東北編－」（2001年5月）
（シンクタンクせとうち総合研究機構　発行）

本稿は、2004年9月26日（日）に、「いでは文化記念館」で、古田陽久が講演した「出羽三山と周辺地域の世界遺産登録を目指して～出羽三山と庄内平野の文化的景観～」を基に、加筆したものです。

日本の原風景が息づく庄内平野

幾多の先人たちが世代を越えて作り上げた砂防林

民間の山岳信仰文化が育んだ出羽三山等の文化財と風土

2005年3月31日

　山形県が実施している「近未来やまがた・世界遺産育成プロジェクト事業」で、将来、世界遺産への登録を目指す育成候補地を「民間の山岳信仰文化が育んだ出羽三山等の文化財と風土」とすることが決まったようです。

　山形県の世界遺産育成プロジェクト推進委員会は、これまで山形県内各地の文化財や自然を視察するなどして、世界遺産としてふさわしい地域遺産を検討。松尾芭蕉ゆかりの「山寺」(立石寺)や宮城県にもまたがる「蔵王の樹氷」などの名前も上がったが、最終的には、山岳信仰・修験霊場として1400年以上の歴史を有する「出羽三山」(月山・湯殿山・羽黒山の3つの山の総称)、それに、国の重要文化財にも指定されている元木や八幡神社など、村山地方を中心とする国内最古級の「石鳥居」を選定しました。

　山形県は、2005年度に、将来世界遺産への登録を目指す育成候補地内の資産を検証、登録予定範囲の特定など、世界遺産登録に向けての具体的な「推進プラン」を策定する予定で、10年後の、ユネスコの「世界遺産リスト」への登録を目指しています。

　出羽三山については、2004年の5月の「庄内地方町村長・議会議長合同懇談会」、9月の「羽黒町」での講演と勉強会などで関わりをもってきただけに、大変嬉しいニュースです。

　今後は、地元の総意をたばね、当面は、暫定リスト入りをめざしたシナリオ、史跡や重要文化的景観の指定など登録要件の整備が求められます。また、顕著な普遍的価値の証明、それに、「紀伊山地の霊場と参詣道」などとの違いを明らかにしていかなければならないでしょう。

　育成候補地は、東北の厳しい気象条件のなか、荘厳な自然環境が育んだ山岳信仰・修験霊場など人間の修行などの営みや生活上の創意工夫、木や石のユニークな文化財、それらが、日本の原風景ともいえる山岳、森林、田園、海浜の景観など独自の地域風土を醸成しています。

　東北地方では、「平泉の文化遺産」(岩手県)が既に暫定リスト入りし、2008年の世界遺産登録を目標に、現在、準備が着々と進められている。世界遺産化には、地道な努力と長い時間を要します。しかしながら、10年後といわず、世界遺産登録に向けてもっとスピード・アップを図って欲しいと思います。

参考文献
- 「世界遺産ガイド－文化遺産編－ 4.文化的景観」(2002年1月)
- 「誇れる郷土ガイド－全国47都道府県の誇れる景観編－」(2003年10月)
  (シンクタンクせとうち総合研究機構　発行)

瀬戸内海国立公園の美しい景観をユネスコの世界遺産に

瀬戸内海の多島美を誇る笠岡諸島（岡山県）

瀬戸内海国立公園指定70周年に寄せて

　瀬戸内海国立公園は、1934年（昭和9年）3月16日に、雲仙国立公園、霧島国立公園と共に、わが国最初の国立公園として指定され、2004年は、瀬戸内海国立公園指定70周年を迎えました。

　瀬戸内海国立公園は、わが国最大の瀬戸内海、白砂青松の海岸、大小の島々が飛び石のように連なりパノラミックに展開する備讃諸島、塩飽諸島、笠岡諸島、日生諸島、家島諸島、芸予諸島、安芸灘諸島、防予諸島などの多島海の自然景観と、穏やかな内海に浮かぶ養殖筏やオリーブ、みかん、レモン、ブルー・ベリーなどの段々畑など、人間の生活と産業とに関わりのある文化的景観とが見事に調和しています。

ユネスコの世界遺産と多様化する世界遺産

　世界遺産とは、1972年にパリで開催された第17回ユネスコ総会で採択された「世界遺産条約」（2004年3月現在の締約国数は177か国）に基づいて、ユネスコの「世界遺産リスト」に登録されている物件です。

　世界遺産は、人類の英知と人間活動の所産を様々な形で語り続ける顕著な普遍的価値をもつ遺跡、建造物群、モニュメントなどの文化遺産、そして、地球上の顕著な普遍的価値をもつ地形・地質、生態系、自然景観、生物多様性などの自然遺産、それに自然遺産と文化遺産の両方の登録基準を満たす複合遺産に分類されます。

　世界遺産の数は、2004年7月現在、自然遺産が154物件、文化遺産が611物件、複合遺産が23物件の合計788物件（134か国）で、物件の内容も年々多様化しています。

　世界遺産条約とは、地球上のかけがえのない自然遺産や文化遺産を、人類全体の財産として、損傷、破壊等の脅威から保護・保存することが重要であるとの観点から、国際的な協力および援助の体制を確立することを本旨としています。

　世界遺産に登録される為には、次の三つの要件を満たす必要があります。

　一つは、他に類例がない顕著な普遍的価値を有するかどうか、そのものの真正性と完全性の証明が求められます。
　二つは、ユネスコが設ける世界遺産の登録基準を満たすかどうかです。
　三つは、世界遺産になってからも恒久的な保護管理措置が計れるどうか、すなわち、国内法上の法的措置が講じられているか、また、中長期的な保護管理計画があるかどうかなどがIUCN（国際自然保護連合）やICOMOS（国際記念物会議）などの専門機関によって厳しくチェックされます。

瀬戸内海国立公園の一体的な景観保護を

　瀬戸内海国立公園を取り巻く自然景観や文化的景観も、時代の推移と共に大きく変容しています。かつて文明の海ともいわれた瀬戸内海も、文明に利用される海へと変質を余儀なくされてきました。

瀬戸内海国立公園の景観保護のあるべき姿として、自然景観だけではなく、史跡、名勝、天然記念物、重要伝統的建造物群保護地区などの文化財も含めた瀬戸内海国立公園の全体的な文化的景観の保存と保護が図れる様な展開が望ましいと思います。

　その為には、瀬戸内海国立公園内の特別保護地区の範囲の拡大と、恒久的な保護管理措置が図れる面的な行政管理システムの確立、なかでも中国地方と四国地方の行政の一体化、そして、陸域と海域の総合管理が図れる様な保護管理体制が必要だと思います。

瀬戸内海国立公園の美しい景観をユネスコの世界遺産に

　その為にも、瀬戸内海国立公園の百年の計として、瀬戸内海国立公園の美しい景観をユネスコの世界遺産に登録する為の運動を展開してはどうかと思います。

　この運動の過程において、瀬戸内海国立公園が世界遺産にふさわしいかどうかの可能性について、前述した世界遺産の登録要件に照らし合わせ、その世界的な顕著な普遍的価値を検証してみることも意義あることではないかと思います。

参考文献
- 「世界遺産データ・ブック－2005年版－」（2004年7月）
- 「世界遺産ガイド－文化遺産編－Ⅳ．文化的景観」（2002年1月）
- 「誇れる郷土ガイド－日本の国立公園編－」（2005年2月）
- 「誇れる郷土ガイド－日本の伝統的建造物群保存地区編－」（2005年1月）
- 「誇れる郷土ガイド－全国47都道府県の誇れる景観編－」（2003年10月）
- 「誇れる郷土ガイド－中国・四国編－」（2002年12月）
（シンクタンクせとうち総合研究機構　発行）

参考URL
瀬戸内海国立公園の複合景観を世界遺産に！！！
http://www.dango.ne.jp/sri/setonaikaikokuritsukouen_wa_sekaiisan_ni_nareruka.html

本稿は、環境省山陽四国地区自然保護事務所が瀬戸内海国立公園指定70周年記念のつどい「活動事例報告・提言集」に掲載された提言「瀬戸内海国立公園の美しい景観をユネスコの世界遺産に！！」を基に、加筆したものです。

文明への道　−時空を超えて−

文明の十字路サマルカンド　レギスタン広場（ウズベキスタン共和国）

人間が切り拓き築いてきた道には、シルク、香辛料、紙、陶磁器、宝石などの交易の道、キリスト教などの宗教の巡礼や信仰の道、人や物を運んだ運河、鉄道などの輸送や移動の道など多様です。
　これらボーダレスな交易の道、信仰の道、輸送や移動の道は、途上の文化、産業、都市を開花させ、やがては人類にとっての文明の道へと進化していきました。

　例えば、シルクロード。NHKが1980年からNHK特集「シルクロード」を放送し大ヒットしました。NHKが、25年ぶりにNHKスペシャル「新シルクロード」（放送80周年日中共同制作）を取り上げ、今再びシルクロードが脚光を浴びています。

　ヨーヨー・マによるテーマ音楽のチェロ、中国琵琶、笙、馬頭琴、二胡、タブラ、カマンチェなどの楽器の音色が、私たちを悠久の大地と郷愁の世界へと誘ってくれます。

　シルクロードとは、広くユーラシア大陸の東西を結ぶ東西交通路で、中国の西安からイタリアのローマまでを繋ぐ道であったと言われています。

　タクラマカン沙漠や天山山脈を越えて、西アジアへは、崑崙（こんろん）の軟玉、中国の絹織物などがもたらされ、地中海および西アジアの国々から中国へは、トルコ石、ガラス器、トンボ玉、金銀器等がもたらされたとされています。

　シルクロードという言葉は、中国の敦煌（とんこう　甘粛省）や楼蘭故城（ろうらんこじょう　新疆ウイグル自治区）を発見したスウェーデンの地理学者スヴェン・アンダース・ヘディン（1865～1952年）の師でもあるドイツの地理学者リヒトホーフェン（1833～1905年）が1878年に著した著書「シナ」全5巻の第1巻で、唐の都の長安（現陝西省西安市）から旧ソ連（現ウズベキスタン）のサマルカンドまでを「ザイデンシュトラーセン（Seidenstrassen）」（「絹の道」の意）と表記し、これが英訳されて、ヨーロッパでは「Silk Road」が知られるようになったと言われています。

　サマルカンド（古名マラカンダ）は、シルクロードの重要なオアシス都市として、古くから交易によって発展しました。1220年にチンギス・ハーンが率いるモンゴル軍によって一度壊滅しましたが、当時の町の廃墟が、後にティムールが築いたサマルカンド・ブルーの美しいイスラム教建築物群があるレギスタン広場の北東にあるアフラシアブの丘に残っています。

　また、同じく、シルクロード有数の交易都市として繁栄したブハラ（ウズベキスタン）にもシルクロードゆかりの交易所、キャラバン・サライ（隊商宿）、公衆浴場の跡が残されています。

　シルクロードは、平坦、直線的ではありませんが、一般的に、

● 中央アジアの乾燥地帯を走ったオアシスの道（オアシス路、オアシス・ルート）

　　洛陽 → 長安 → 銀川（寧夏回族自治区）→ 河西回廊 → 敦煌（莫高窟、鳴砂山）→ 陽関、玉門関 → トルファン → ウルムチ → タクラマカン沙漠北側・天山山脈南麓（天山南路）→ カシュガル（新疆ウイグル自治区）→ パミール高原 → 西トルキスタン

(現在のカザフスタン・キルギス・タジキスタン・ウズベキスタン・トルクメニスタン）
→ イラン砂漠 → アナトリア高原 → イスタンブール、或は、地中海 → ローマ

張騫（ちょうけん　？～紀元前114年）、玄奘（げんじょう　602～664年）、
法顕、マルコ・ポーロ（1254～1324年）が辿った道。

● その北の草原を抜けた草原の道（ステップ路、ステップ・ルート）

モンゴル高原 → 天山山脈（天山北路 哈密（はみ）→ 巴里坤（ばりこん）→ 吉木薩爾（じむさる）→ 博楽）→ カザフ高原 → 南ロシアの草原地帯 → ヨーロッパ

アッティラ（406年頃～453年）、チンギス・ハーン（太祖　1167年頃～1227年）が大遠征に使った道。

● アジア大陸の南の海を結んだ海の道（南海路、海洋ルート）

南シナ海 → マラッカ海峡 → インド洋 → アラビア海 → 紅海、ペルシャ湾

マルコ・ポーロ（1254～1324年）がベネツィアへの帰路。
海路による柿右衛門や古伊万里の輸送ルート。

の陸路と海路の三つのルートがあったとする見方が有力です。

　これらのルートには、シルクロードゆかりの遺跡、建造物群、モニュメントが数多く残っており、それらのうち、顕著な普遍的価値を有するものについては、関係国からの推薦によって、ユネスコの「世界遺産リスト」に登録されています。また、中国においては、これまでに登録している莫高窟などとは別に、今後の世界遺産候補として、「シルクロード」（絲綢之路）を暫定リストにノミネートしています。新疆ウイグル自治区のクチャ、トルファン、ウルムチに残っているシルクロードゆかりの都跡や千仏洞などが対象になっています。

　シルクロードと同様な交易の道として、アフリカのサハラ砂漠を横断した「ソルト・ルート」（塩の道）があります。サハラ砂漠は、アフリカの北部にある世界最大の砂漠で、アラビア語で「荒れた土地」を意味する様に、サハラは文字通り不毛の大地です。塩は、熱砂の厳しい生活環境の中で、死活にかかわる貴重な資源でした。いつしか、ラクダの隊商がニジェールやマリなど多国間を横断するサハラ砂漠を行き交うようになり、ソルト・ロードが出来上がったといわれています。

　これら、果てしない旅路と航海、いつ着くか計れない、また広漠、荒涼とした空間は、不安と期待の思いが交錯するなか、地道な足取りと舵取りであったに違いありません。単調なれども周辺の環境が変化する中、旅人の心に去来するものは何だったのでしょうか。自己の心との対話、或は、求道の道だったのでしょうか。

旅人の疲れを忘れさせてくれる雄大な自然や風景との出会い、疲れを癒す途上の隊商宿、そして、自分と同じ旅人との語らいは、心に安らぎを与えてくれました。

　気が遠くなりそうな道程、喜び、怒り、哀しみ、楽しみの感情は、人生のそれにも似て、人々に感動と共感を与えてくれます。

　それは、とてもドラマティックな先人が築いた軌跡であり、人類の偉業です。果てしない夢とロマン、サクセス・ストリーも千三（せんみつ）ですが、諦めない、挫けない、弛まない、地道な努力を継続していくことの大切さを私たちに教えてくれています。

　一方、日本の国内に話を転じてみますと、シルクロードも長安（現西安）から中国国内を経て、或は、海のルートから、日本の伊万里、奈良、平泉などへと繋がり往来が行われたものと想定されます。

　日本は、島国であるが故に、仏教やキリスト教などの宗教、絹や陶磁器などの交易が行われ、伝来の道、交易の道、通信の道など大陸、半島などからのルートが出来上がっていったに違いありません。

　例えば、キリスト教を日本に初めて伝えたイエズス会の宣教師、フランシスコ・ザビエル（1506～1552年　スペイン生まれ）は、マラッカ（マレーシア）を経由して、1549年（天文18年）に、薩摩の山川、鹿児島に上陸、その後、肥前の平戸（ひらど）、周防の山口、京都、そして、再び山口、そして、豊後の大分府内という経路を辿り、日本に2年3か月滞在後、種子島を経由して、日本を去ったとされています。

　フランシスコ・ザビエルが日本に滞在したのは、わずか2年数か月ですが、その後の日本におけるキリスト教の普及に大きく貢献し、彼の思いは、ルイス・フロイス、アレッサンドロ・バリニャーノ、ジョバニ・バチスタ・シドッチなどに引き継がれていきました。

　フランシスコ・ザビエルゆかりのモニュメントや教えが、インドのゴアやコチン、マレーシアのマラッカ、中国のマカオのコロアン島、そして、日本各地に今現在も数多く残されています。このうち、フランシスコ・ザビエルの遺体が安置されているインドのゴアの「善きイエス（ボム・ジェス）」の名を持つ「ボム・ジェス教会」は、聖フランシスコ修道院などと共に「ゴアの教会と修道院」（Churches and Convents of Goa）として、1986年にユネスコの世界遺産リストに登録されています。

　また、キリスト教が認知されるまで、時の権力者等から信者は、はかりしれない迫害を受けた悲しい歴史もありますが、今では、日本各地にキリスト教の教会やキリスト教系の学校も数多くあり、フランシスコ・ザビエルの当時の思いは、長い歳月を経て実現しています。

　この様に、日本国内においても、布教の道、信仰の道、行列の道、商いの道、輸送の道など多様な道が形成され、沿道の集落も繁栄し、村、町などへと発展していきしました。

　長い歴史の中で、地点と地点とを繋ぐ道は、やがて街道となり、それは、文化の道（Cultural

Road)、ルート（Cultural Route）、旅程・行程（Cultural Itinerary）へと発展し、なかには、人類にとっての文明の道へ繋がりました。

　次の写真に掲げる、ウズベキスタンの「ブハラの歴史都市」、オマーンの「乳香フランキンセンスの軌跡」、フランスの「ミディ運河」、スペインの「サンティアゴ・コンポステーラ」、日本の「紀伊山地の霊場と参詣道」は、ユネスコの世界遺産リストに、いずれも文化遺産として、登録されています。

　「ブハラの歴史都市」は、シルクロードのオアシスの町、「乳香フランキンセンスの軌跡」は、乳香の隊商都市の遺跡群、「ミディ運河」は、大西洋と地中海を繋いだ灌漑用運河、「サンティアゴ・コンポステーラ」は、フランスやスペインなどの巡礼道からの聖地、そして、「紀伊山地の霊場と参詣道」は、「熊野三山」などの霊場への「熊野参詣道」などの信仰の道でした。

　文明への道、これは、黎明への道であり、栄光への道でもあります。私たちは、先人達が築いた道を大切にし、未来へと継承していかなければなりません。一方において、私たちは、先人達が残したかけがえのない遺産を守っていくだけではなく、私たち自身が21世紀の文明を創造し、将来世代の為に残していきたいものです。

参考文献
- 「世界遺産事典－788全物件プロフィール－2005改訂版」（2005年2月）
- 「世界遺産ガイド－図表で見るユネスコの世界遺産編－」（2004年12月）
（シンクタンクせとうち総合研究機構　発行）

ブハラの歴史地区（ウズベキスタン）

乳香フランキンセンスの軌跡（オマーン）

ミディ運河（フランス）

世界遺産学のすすめ―世界遺産が地域を拓く―

サンティアゴ・デ・コンポステーラ
（スペイン）

紀伊山地の霊場と参詣道（日本）　大門坂

〈著者プロフィール〉

FURUTA Haruhisa
古田 陽久　世界遺産総合研究所 所長

1951年広島県呉市生まれ。1974年慶応義塾大学経済学部卒業。同年、日商岩井入社、海外総括部、情報新事業本部、総合プロジェクト室などを経て、1990年にシンクタンクせとうち総合研究機構を設立。1998年9月に世界遺産研究センター（現 世界遺産総合研究所）を設置（所長兼務）。

専門研究分野	世界遺産論、危機遺産論、世界遺産研究、人類の口承及び無形遺産の傑作研究、メモリー・オブ・ザ・ワールド研究、文化人類学、人間と生物圏計画（MAB）研究、環境教育、国際理解教育、国際交流、ユネスコ等国際機関の研究、日本語教育の研究
講義科目	世界遺産概論、世界遺産演習、世界遺産特講、危機遺産研究、国立公園と世界遺産研究、産業遺産研究、日本文化論
講演	札幌市厚別区民センター、山形県庄内地方町村会、奈良県南和広域連合、福岡県宗像市教育委員会など実績多数。
講座・セミナー	「世界遺産講座」（東京都練馬区立練馬公民館ほか）、「国際理解講座」（京都府長岡京市立中央公民館ほか）、「区民大学教養講座」（東京都品川区教育委員会主催ほか）、「世界遺産遊学講座」（毎日文化センター大阪）ほか
研修会	「出羽三山・世界遺産プロジェクトへの指針―出羽三山と周辺地域の文化的景観―」（山形県庄内地方町村長・議会議長合同懇談会）、「沖ノ島及びその周辺における世界遺産登録への取り組みについて―沖ノ島・世界遺産プロジェクト推進に向けての指針―」（福岡県宗像市教育委員会）
シンポジウム	「世界遺産シンポジウム 大峯奥駈道（大峯道）・熊野古道（小辺路）の世界遺産登録に向けて」（奈良県南和広域連合）記念講演 「世界遺産の意義と地域振興」、「摩周湖シンポジウム」（摩周湖世界遺産登録実行委員会）基調講演「北の世界遺産・摩周湖への道～北海道から世界へ～」、SAKYU座談会「世界遺産に挑戦」（鳥取青年会議所第2政策委員会）講演「世界遺産とまちづくり」
大学からの招聘	国立西南師範大学（中国重慶市）　2003年9月／2004年6月　客員教授 国立芸術アカデミー（ウズベキスタン・タシケント市）　2002年5月　国際会議 広島女学院大学（広島市）　2004年11月　生活文化学会秋季講演会
国際会議	The 28th session of the World Heritage Committee Suzhou, June28 - July7, 2004, participated as observer The 27th session of the World Heritage Committee UNESCO Headquarters, Paris, June30 - July5, 2003, participated as observer
学会	「北東アジア地域の世界遺産を通じた観光交流を考える」（環日本海アカデミック・フォーラム全体交流会議「北東アジア・アカデミック・フォーラム 2004 in 京都」　観光交流の今後の展望 分科会報告　2004年3月）
テレビ	エイジングジャパン「わが町の世界遺産」（2005年4月）、テレビ大阪「経済発見」（2004年8月1日）
ラジオ出演	中部日本放送（CBC）「小堀勝啓の心にブギブギ 心にレレレ」（2003年10月7日放送）
論文	"An Appeal for the Study of the World Heritage"「世界遺産学のすゝめ」（THE EAST　ほか）、「世界遺産と鉄道遺産」（土木学会誌　Vol.88,February 2003）など論稿、連載多数。
編著書	「世界遺産入門」、「世界遺産学入門」、「誇れる郷土ガイド」、「世界遺産データ・ブック」、「世界遺産ガイド」、「世界遺産事典」、「世界遺産マップス」、「世界遺産Q&A」ほか多数。
日文原著監修	「世界遺産Q&A 世界遺産の基礎知識」中国語版　（文化台湾発展協会・行政院文化建設委員会）
調査研究	「世界遺産登録の意義と地域振興」、「世界遺産化可能性調査」、「世界遺産プロジェクト推進への指針」ほか
執筆	現代用語の基礎知識2003年版（自由国民社）　話題学「ユネスコ危機遺産」執筆
エッセイ	「世界遺産とは何か－理念・歴史と日本の関わり－」（財団法人日本交通公社　観光文化　第164号　2003年11月発行）、「第27回世界遺産委員会パリ会議に出席して」（近畿日本ツーリストクラブツーリズム　世界遺産倶楽部第5号　2003年8月発行）、ウズベキスタン「ボイスン地方の文化空間」を訪ねて（ユネスコ・アジア文化センター　ユネスコ・アジア文化ニュース　アジア太平洋文化への招待　2002.10.15/11.15合併号）、「北海道から世界遺産を～求められる恒久的保護策～」（北海道新聞　2002年8月17日夕刊）ほか。その他 「地球の歩き方 見て読んで 旅する世界遺産」（ダイヤモンド・ビッグ社　2002年8月）、「いい旅見つけた」（リクルート　2004年9月号　探訪 日本の世界遺産）

世界遺産学のすすめ －世界遺産が地域を拓く－

2005年（平成17年）4月29日 初版 第1刷

著　　者	古田 陽久
企画・編集	世界遺産総合研究所
発　　行	シンクタンクせとうち総合研究機構 ⓒ 〒731-5113 広島市佐伯区美鈴が丘緑三丁目4番3号 TEL & FAX 082-926-2306 郵便振替　01340-0-30375 電子メール　wheritage@tiara.ocn.ne.jp インターネット　http://www.dango.ne.jp/sri/ 出版社コード　86200
印刷・製本	図書印刷株式会社

ⓒ本書の内容を複写、複製、引用、転載される場合には、必ず事前にご連絡下さい。

Complied and Printed in Japan, 2005　ISBN4-86200-100-9 C1537 Y2000E

発行図書のご案内

世界遺産シリーズ

世界遺産データ・ブック －2005年版－
世界遺産シリーズ
世界遺産総合研究所編　ISBN4-916208-92-7　定価2100円　2004年7月

世界遺産事典 －788全物件プロフィール－　2005改訂版
世界遺産シリーズ
世界遺産総合研究所編　ISBN4-916208-96-X　定価2310円　2005年2月

世界遺産キーワード事典　★(社)日本図書館協会選定図書
世界遺産シリーズ
世界遺産総合研究所編　ISBN4-916208-68-4　定価2100円　2003年3月

世界遺産フォトス －写真で見るユネスコの世界遺産－　★(社)日本図書館協会選定図書　☆全国学校図書館協議会選定図書
世界遺産シリーズ
世界遺産研究センター編　ISBN4-916208-22-6　定価2000円　1999年8月

世界遺産フォトス －第2集　多様な世界遺産－
世界遺産シリーズ
世界遺産総合研究センター編　ISBN4-916208-50-1　定価2100円　2002年1月

世界遺産入門 －過去から未来へのメッセージ－
世界遺産シリーズ
古田真美 著　ISBN4-916208-67-6　定価2100円　2003年2月

世界遺産学入門 －もっと知りたい世界遺産－　★(社)日本図書館協会選定図書
世界遺産シリーズ
古田陽久　古田真美　共著　ISBN4-916208-52-8　定価2100円　2002年2月

世界遺産学のすすめ －世界遺産が地域を拓く－　**新刊**
世界遺産シリーズ
古田陽久 著　ISBN4-86200-100-9　定価2100円　2005年4月

世界遺産マップス －地図で見るユネスコの世界遺産－　2005改訂版
世界遺産シリーズ
世界遺産総合研究所編　ISBN4-916208-97-8　定価2100円　2004年9月

世界遺産ガイド －世界遺産の基礎知識編－2004改訂版
世界遺産シリーズ
世界遺産総合研究所編　ISBN4-916208-88-9　定価2100円　2004年10月

世界遺産ガイド －特集 第28回世界遺産委員会蘇州会議－　★(社)日本図書館協会選定図書
世界遺産シリーズ
世界遺産総合研究所編　ISBN4-916208-95-1　定価2100円　2004年8月

世界遺産ガイド －世界遺産条約編－　★(社)日本図書館協会選定図書　☆全国学校図書館協議会選定図書
世界遺産シリーズ
世界遺産研究センター編　ISBN4-916208-34-X　定価2100円　2000年7月

世界遺産ガイド －図表で見るユネスコの世界遺産－
世界遺産シリーズ
世界遺産総合研究所編　ISBN4-916208-89-7　定価2100円　2004年12月

世界遺産ガイド －情報所在源編－　★(社)日本図書館協会選定図書
世界遺産シリーズ
世界遺産総合研究所編　ISBN4-916208-84-6　定価2100円　2004年1月

世界遺産ガイド －文化遺産編－Ⅰ遺跡　★(社)日本図書館協会選定図書　☆全国学校図書館協議会選定図書
世界遺産シリーズ
世界遺産研究センター編　ISBN4-916208-32-3　定価2100円　2000年8月

世界遺産ガイド －文化遺産編－Ⅱ建造物　★(社)日本図書館協会選定図書　☆全国学校図書館協議会選定図書
世界遺産シリーズ
世界遺産研究センター編　ISBN4-916208-33-1　定価2100円　2000年9月

世界遺産ガイド －文化遺産編－Ⅲモニュメント　★(社)日本図書館協会選定図書　☆全国学校図書館協議会選定図書
世界遺産シリーズ
世界遺産研究センター編　ISBN4-916208-35-8　定価2100円　2000年10月

シンクタンクせとうち総合研究機構　発行

世界遺産シリーズ

世界遺産ガイド	世界遺産総合研究センター編	－文化遺産編－Ⅳ文化的景観	ISBN4-916208-53-6	定価2100円	2002年1月	★(社)日本図書館協会選定図書　☆全国学校図書館協議会選定図書
世界遺産ガイド	世界遺産研究センター編	－自然遺産編－	ISBN4-916208-20-X	定価2000円	1999年1月	★(社)日本図書館協会選定図書
世界遺産ガイド	世界遺産総合研究所編	－自然保護区編－	ISBN4-916208-73-0	定価2100円	2003年6月	★(社)日本図書館協会選定図書
世界遺産ガイド	世界遺産総合研究所編	－生物多様性編－	ISBN4-916208-83-8	定価2100円	2004年1月	★(社)日本図書館協会選定図書
世界遺産ガイド	世界遺産総合研究所編	－自然景観編－	ISBN4-916208-86-2	定価2100円	2004年3月	★(社)日本図書館協会選定図書
世界遺産ガイド	世界遺産総合研究センター編	－複合遺産編－	ISBN4-916208-43-9	定価2100円	2001年4月	★(社)日本図書館協会選定図書　☆全国学校図書館協議会選定図書
世界遺産ガイド	世界遺産総合研究所編	－危機遺産編－ 2004改訂版	ISBN4-916208-82-X	定価2100円	2003年11月	★(社)日本図書館協会選定図書
世界遺産ガイド	世界遺産総合研究所編	－日本編－ 2004改訂版	ISBN4-916208-93-5	定価2100円	2004年9月	★(社)日本図書館協会選定図書
世界遺産ガイド	世界遺産総合研究センター編	－日本編－ 2.保存と活用	ISBN4-916208-54-4	定価2100円	2002年2月	★(社)日本図書館協会選定図書
世界遺産ガイド	世界遺産総合研究所編	－朝鮮半島にある世界遺産－	ISBN4-86200-102-5	定価2100円	2005年6月	近刊
世界遺産ガイド	世界遺産総合研究センター編	－中国・韓国編－	ISBN4-916208-55-2	定価2100円	2002年3月	★(社)日本図書館協会選定図書　☆全国学校図書館協議会選定図書
世界遺産ガイド	世界遺産総合研究所編	－中国編－	ISBN4-916208-98-6	定価2100円	2005年1月	新刊
世界遺産ガイド	世界遺産総合研究所編	－北東アジア編－	ISBN4-916208-87-0	定価2100円	2004年3月	★(社)日本図書館協会選定図書
世界遺産ガイド	世界遺産研究センター編	－アジア・太平洋編－	ISBN4-916208-19-6	定価2000円	1999年3月	★(社)日本図書館協会選定図書
世界遺産ガイド	世界遺産総合研究所編	－オセアニア編－	ISBN4-916208-70-6	定価2100円	2003年5月	★(社)日本図書館協会選定図書
世界遺産ガイド	世界遺産総合研究センター編	－中央アジアと周辺諸国編－	ISBN4-916208-63-3	定価2100円	2002年8月	★(社)日本図書館協会選定図書
世界遺産ガイド	世界遺産研究センター編	－中東編－	ISBN4-916208-30-7	定価2100円	2000年7月	★(社)日本図書館協会選定図書　☆全国学校図書館協議会選定図書
世界遺産ガイド	世界遺産総合研究所編	－イスラム諸国編－	ISBN4-916208-71-4	定価2100円	2003年7月	★(社)日本図書館協会選定図書
世界遺産ガイド	世界遺産研究センター編	－西欧編－	ISBN4-916208-29-3	定価2100円	2000年4月	★(社)日本図書館協会選定図書　☆全国学校図書館協議会選定図書

シンクタンクせとうち総合研究機構　発行

世界遺産シリーズ

世界遺産シリーズ	世界遺産ガイド －ドイツ編－	世界遺産総合研究所編	ISBN4-86200-101-7	定価2100円	2005年5月	近刊
世界遺産シリーズ	世界遺産ガイド －北欧・東欧・CIS編－	世界遺産研究センター編	ISBN4-916208-28-5	定価2100円	2000年4月	★(社)日本図書館協会選定図書 ☆全国学校図書館協議会選定図書
世界遺産シリーズ	世界遺産ガイド －アフリカ編－	世界遺産研究センター編	ISBN4-916208-27-7	定価2100円	2000年3月	★(社)日本図書館協会選定図書 ☆全国学校図書館協議会選定図書
世界遺産シリーズ	世界遺産ガイド －アメリカ編－	世界遺産研究センター編	ISBN4-916208-21-8	定価2000円	2001年4月	
世界遺産シリーズ	世界遺産ガイド －北米編－	世界遺産総合研究所編	ISBN4-916208-80-3	定価2100円	2004年2月	★(社)日本図書館協会選定図書
世界遺産シリーズ	世界遺産ガイド －中米編－	世界遺産総合研究所編	ISBN4-916208-81-1	定価2100円	2004年2月	
世界遺産シリーズ	世界遺産ガイド －南米編－	世界遺産総合研究所編	ISBN4-916208-76-5	定価2100円	2003年9月	★(社)日本図書館協会選定図書
世界遺産シリーズ	世界遺産ガイド －都市・建築編－	世界遺産研究センター編	ISBN4-916208-39-0	定価2100円	2001年2月	★(社)日本図書館協会選定図書
世界遺産シリーズ	世界遺産ガイド －産業・技術編－	世界遺産研究センター編	ISBN4-916208-40-4	定価2100円	2001年3月	★(社)日本図書館協会選定図書 ☆全国学校図書館協議会選定図書
世界遺産シリーズ	世界遺産ガイド －産業遺産編－保存と活用	世界遺産総合研究所編	ISBN4-86200-103-3	定価2100円	2005年4月	新刊
世界遺産シリーズ	世界遺産ガイド －名勝・景勝地編－	世界遺産研究センター編	ISBN4-916208-41-2	定価2100円	2001年3月	★(社)日本図書館協会選定図書
世界遺産シリーズ	世界遺産ガイド －国立公園編－	世界遺産総合研究センター編	ISBN4-916208-58-7	定価2100円	2002年5月	★(社)日本図書館協会選定図書
世界遺産シリーズ	世界遺産ガイド －19世紀と20世紀の世界遺産編－	世界遺産総合研究センター編	ISBN4-916208-56-0	定価2100円	2002年7月	★(社)日本図書館協会選定図書
世界遺産シリーズ	世界遺産ガイド －歴史都市編－	世界遺産総合研究所編	ISBN4-916208-64-1	定価2100円	2002年9月	★(社)日本図書館協会選定図書
世界遺産シリーズ	世界遺産ガイド －歴史的人物ゆかりの世界遺産編－	世界遺産総合研究所編	ISBN4-916208-57-0	定価2100円	2002年10月	★(社)日本図書館協会選定図書
世界遺産シリーズ	世界遺産ガイド －宗教建築物編－	世界遺産総合研究所編	ISBN4-916208-72-2	定価2100円	2003年6月	★(社)日本図書館協会選定図書
世界遺産シリーズ	世界遺産ガイド －人類の口承及び無形遺産の傑作編－	世界遺産総合研究センター編	ISBN4-916208-59-5	定価2100円	2002年4月	★(社)日本図書館協会選定図書
世界の文化シリーズ	世界無形文化遺産ガイド－人類の口承及び無形遺産の傑作編－2004改訂版	世界遺産総合研究所編	ISBN4-916208-90-0	定価2100円	2004年5月	
世界の文化シリーズ	世界無形文化遺産ガイド－無形文化遺産保護条約編－	世界遺産総合研究所編	ISBN4-916208-91-9	定価2100円	2004年6月	

シンクタンクせとうち総合研究機構　発行

誇れる郷土ガイド　ふるさとシリーズ

タイトル	編者	ISBN	発行年月	定価	備考
－東日本編－	シンクタンクせとうち総合研究機構編	ISBN4-916208-24-2	1999年12月	定価2000円	☆全国学校図書館協議会選定図書
－西日本編－	シンクタンクせとうち総合研究機構編	ISBN4-916208-25-0	2000年1月	定価2000円	☆全国学校図書館協議会選定図書
－北海道・東北編－	シンクタンクせとうち総合研究機構編	ISBN4-916208-42-0	2001年5月	定価2100円	
－関東編－	シンクタンクせとうち総合研究機構編	ISBN4-916208-48-X	2001年11月	定価2100円	
－中部編－	シンクタンクせとうち総合研究機構編	ISBN4-916208-61-7	2002年10月	定価2100円	
－近畿編－	シンクタンクせとうち総合研究機構編	ISBN4-916208-46-3	2001年10月	定価2100円	
－中国・四国編－	シンクタンクせとうち総合研究機構編	ISBN4-916208-65-X	2002年12月	定価2100円	
－九州・沖縄編－	シンクタンクせとうち総合研究機構編	ISBN4-916208-62-5	2002年11月	定価2100円	
－口承・無形遺産編－	シンクタンクせとうち総合研究機構編	ISBN4-916208-44-7	2001年6月	定価2100円	
－全国の世界遺産登録運動の動き－	世界遺産総合研究所編	ISBN4-916208-69-2	2003年1月	定価2100円	
－全国47都道府県の観光データ編－	シンクタンクせとうち総合研究機構編	ISBN4-916208-74-9	2003年4月	定価2100円	
－全国47都道府県の誇れる景観編－	シンクタンクせとうち総合研究機構編	ISBN4-916208-78-1	2003年10月	定価2100円	
－全国47都道府県の国際交流・協力編－	シンクタンクせとうち総合研究機構編	ISBN4-916208-85-4	2004年4月	定価2100円	
－日本の伝統的建造物群保存地区編－	世界遺産総合研究所編	ISBN4-916208-99-4	2005年1月	定価2100円	新刊
－日本の国立公園編－	世界遺産総合研究所編	ISBN4-916208-94-3	2005年3月	定価2100円	新刊

誇れる郷土データ・ブック －全国47都道府県の概要－2004改訂版
シンクタンクせとうち総合研究機構編　ISBN4-916208-77-3　定価2100円　2003年12月

日本ふるさと百科 －データで見るわたしたちの郷土－
シンクタンクせとうち総合研究機構編　ISBN4-916208-11-0　定価1500円　1997年12月

環日本海エリア・ガイド
シンクタンクせとうち総合研究機構編　ISBN4-916208-31-5　定価2100円　2000年6月

環瀬戸内海エリア・データブック
シンクタンクせとうち総合研究機構編　ISBN4-9900145-7-X　定価1529円　1996年10月

シンクタンクせとうち総合研究機構
事務局　〒731-5113　広島市佐伯区美鈴が丘緑三丁目4番3号
書籍のご注文専用ファックス☎082-926-2306　電子メールsri@orange.ocn.ne.jp

※シリーズや年度版の定期予約は、当シンクタンク事務局迄お申し込み下さい。